著作狂銷，百萬人氣保證，高效學習金牌作家

呂宗昕 教授 ——— 著

時間管理黃金法則

窮忙者只想著節省時間，
成功者才懂得創造時間！

【推薦序】

期待學習大師出現

何飛鵬

學習能力是一個社會能否進步的指標，也是每一個人生涯成就的關鍵因素。日本就是典型的學習型國家與學習型社會，從明治維新開始，日本用快速的學習能力（複製、模仿）趕上歐美先進國家。而日本社會的學習風氣，造就了每一個領域的專業化，也讓每一個人擁有「自慢」（日語：形容自己最拿手的絕活）的專業能力。日本每一個領域都會出現「達人」，而且達人們也會努力傳授獨門絕活，讓各領域的職人都能向上提升，成就了全行業的進步。

在日本有無數的「學習大師」，鼓勵認真學習、調整工作態度，不論再小的領域，都有學習專書出版，提供大眾在工作、生活之餘，得以無所不在的自我學習與成長；大前研一就是典型的例子，他出了一百多種書，橫跨工作、生活、趨勢等。這些用書籍、出版，鼓勵學習、促成進步的專家達人，是日本這個學習社會快速成長的動力。

台灣已經有學習的氣氛，但還不配稱為「學習型國家」或「學習型社會」，原因之一就是台灣還沒出現「學習大師」，沒有人以擅長學習著稱，也沒有人以知識廣博見長；也很少有人傳授專業，而且著作繁多。沒有知名的傳道、授業、解惑者，當然台灣社會的學習還有長路要走。

身為出版人，尋找「學習大師」，以提供台灣社會更多的學習可能，用書籍解答大眾的困擾，是我長期努力的事，只是「大師」難尋，成果有限。

直到幾年前，商周出版遇見了台大化工系的呂宗昕老師，他從一本《K書高手》，風靡了台灣的國高中生，並一連串延伸出版了二十餘本考試及學習的書，包括《時間管理高手》等，幾乎本本叫座。我的「學習大師」想像終於出現了。

呂老師的能力在於知識廣博、邏輯清晰、吸收轉化力強，任何選題他都能快速進入，並找出學理與方法。再加上平易近人的寫作風格與快速完稿的寫作能力，他絕對有機會成為引導台灣讀者提升自我的「學習大師」。

這一本《時間管理黃金法則》，是呂老師跨足工作職場的第一本書，我有幸一睹為快，真有驚為天人之感。呂老師雖不在商場，但頗懂職場工作者之需要，說理與趣味兼具，故事與方法並陳，把時間管理說得十分透徹，是職場工作類型書籍中少見的好書。

因此，我更確認呂老師有成為「學習大師」的潛力，也期待能替台灣讀者呼籲，呂老師應更努力創作，讓「學習大師」早日在台灣出現。

（本文作者為城邦媒體集團執行長）

【作者序】

創造時間管理的財富

你經常需要搶時間工作嗎？

你的工作好像總是做不完嗎？

你成天被客戶及老闆追著跑嗎？

你的待辦文件往往堆積如山嗎？

如果你有以上的問題，「時間管理」是最佳的解決之道。管理大師彼得．杜拉克說過：「時間是世界上最短缺的資源，除非善加管理，否則一事無成。」

每個上班族都渴望時間。我們需要時間來處理辦公室內應做之事，也需要時間在繁忙工作與休閒生活之間取得平衡。即使每個人對時間的冀求如此強烈，但實際上大多數人對時間管理的概念均十分模糊，而且在過去的學校教育及職前訓練中，也未曾學習過這重要的一堂課。

天資聰穎者在職場中，藉由經驗的累積及失敗的歷練，可以順利地在跌跌撞撞中摸索出掌握時間的訣竅；天資平庸者則在經歷挫敗及失意之後，卻未必能適時調整方向，領悟出適合自己的時間應對模式。

其實，時間管理是需要學習的，正如同你過去曾努力學習任一專業技能與科目一般。

時間管理也是需要練習的，在明瞭相關原則及技巧之後，必須身體力行、加以實踐，才能為自己「搶」得寶貴的時間。

對於「時間管理」這個大眾迫切需要的課題，我長期深入研究，搜集相關資料及例證，參考社會知名人士成功實例，發展各式方法與技巧，並親身實踐以茲驗證。亦曾經受邀至眾多公司企業、政府機關、研究及學校單位，進行多場演講及研習會，深入探討不同企業及職場的實際問題，為學員提供適切的建議。

我將過去多年來的研究心得及工作經驗，詳加彙整於書中與讀者分享，希望能為你解決時間管理的問題，幫助你在工作上搶得時間的先機。

本書共有六章，下分不同小節，各章節均可獨立閱讀及實際運用。

每一節均附有我精心設計的概念示意圖，做為該節核心技巧與法則的綜合歸納，請於閱讀本文時一併參考附圖，並細細品味箇中意涵。讀完一章後，請再重新檢閱各節附圖，將會帶給你新的啟發。

●第一章**「掌握時間，增加財富」**——為了避免自己越忙越窮，需勉勵自我掌握時間，力克嚴峻的職場環境。

敘述在不景氣的大環境中，如何因應M型社會的變遷，避免淪為越做越累的窮人工作者，而是變身為越做越輕鬆的富人工作者；學習郭台銘、李嘉誠及彼得．杜拉克等名人的時間管理技巧，以有效增加自身的財富。

●第二章**「時間管理策略」**——為了讓自己的工作井然有序、切中重點，需建立正確的時間管理概念及策略。

面對紛雜的工作，需以「三抓三放」的原則加以簡化；利用重要與緊急的「字型法則」，列出正確的工作優先順序；採用「同心圓法則」，避免部屬與上司之間的認知差異；並以工作計畫引導自己逐步完成應做事項。

●第三章**「提升工作效率」**——為了讓自己能準時下班，享受應有的休閒生活，需努力提高己身的工作效率。

提早上班受到環境干擾的程度較小，自然可以專心工作，並提高工作效率；以「乾坤大挪移」建立完整時間區塊，改善雜亂無章的工作日程；運用「SMART」工作法則，提早達成「To be list」的設定目標，使自己由A邁向A⁺。

●第四章**「控管上班時間」**——為了不讓自己的工作進度落後，需嚴格控管各事項的執行時間。

採用「CSDA」的控管原則，調整分配工作時間；利用「辦公室三幫手」，妥適安排自己的工作日程；運用開會的「四制概念」，減少開會所耗費的時間；從「人、地、時、物、事」五大方向進行考量，以有效縮短冗長的會議。

●第五章**「製造上班時間」**——為了讓自己能完成更多的事，需在一般上班時間內積極製造更多可用的時間。

除運用上班的「紅海時間」外，更要善用「藍海策略」製造「藍海時間」；利用「CCDP法則」大幅增加可用時間，發揮零碎時間的最大價值；採用「重疊時間配置法」，將眾多事務擠入一天的工作日程中；聰明花小錢，以製造有效的大時間。

●第六章**「節省上班時間」**——為了讓自己盡速完成工作、避免無謂的時間浪費，需努力節省工作時間。

運用「同類法則」的概念，加速處理性質相近的工作；使用「N字型刪除法則」，刪去缺乏正面效益的工作；採用「減法策略」，迅速處理煩人的雜務；利用「時間差攻擊」策略，節約無效的等待時間；秉持「圓圈日」的概念，探討節約時間的真正人生意義。

每一章節最後附有通關測驗，供讀者複習該章內容並進行自我檢測。

富蘭克林說：「倘若你愛惜生命，就不可浪費時間。因為，生命就是由時間組成的。」

《時間管理黃金法則》為本系列的第一本書，衷心期盼能幫助你在職場上踏出成功的第一步。

真正的時間管理，並非只是在管理時間而已，而是在經營自己的生命。

成功的上班族，除了能游刃有餘地管理自己的時間外，亦能愉悅地享受多采多姿的美麗人生。

CONTENTS

目錄
CONTENTS

CONTENTS

第四章　控管上班時間

第五章　製造上班時間

目　錄
CONTENTS

第六章　節省上班時間

第一章
掌握時間，增加財富

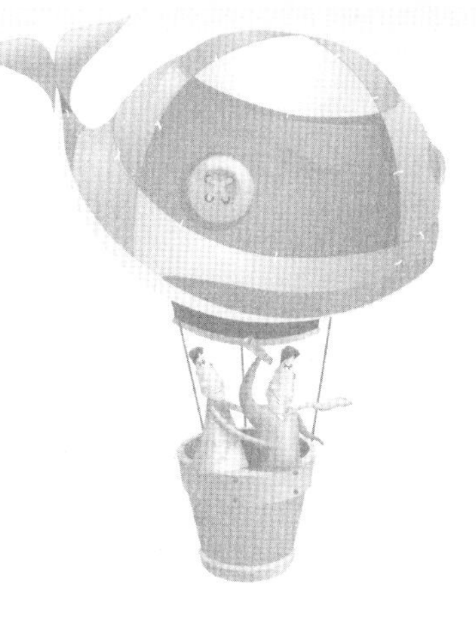

掌握時間，增加財富

- 富人工作者與窮人工作者
- 上班族的三大時間策略
- 不疾而速的時間法則
- 時間管理的迷思與陷阱
- 追求正值的休閒時間成長率
- 成功上班族必備的三大能力

1 富人工作者與窮人工作者
——大前研一的M型社會

彼得・杜拉克說：「時間是管理者最稀少的資源，也是最寶貴的資源。」
你是追著工作跑，還是被工作追著跑？

時間是最寶貴的資源，因為一去即永不復返。
時間是最高價的資源，因為寸金難買寸光陰。
時間是最被限制的資源，因為每個人活著的時間均越來越少。
時間是最易忽視的資源，因為每個人均在無意識地揮霍時間。

M型社會的震撼

金融海嘯襲捲全球，摧枯拉朽地破壞全世界的經濟體，使得貧富的差距急速增大。「M型社會」不僅已然成形，並且更加惡化。身為上班族的你是否深感震驚？你日夜奔波、辛勤工作，總是被老闆及客戶追著跑，以己身的智慧及勞力換取應得的酬勞，感覺自己儼然是中產階級的一分子。

然而，萬萬沒想到，辛苦工作數年後，衡量收入與前景，自己竟被定義為在社會中即將逐漸消失的一群。

大前研一是我相當欽佩的趨勢大師。他經過長期觀察，發現當今社會已衍生極大的變化，因而提出「M型社會」的概念。

從前的社會，是以上班族、公務員、教員、中小商家所形成的中產階級為骨幹，這個階層也架構出過去經濟活動的最大舞台。

然而，進入二十一世紀之後，社會結構起了顯著的變化，富人變得越來越多，窮人也越來越多，高所得族群與低所得族群分占現今社會的兩大板塊。

過去的社會是「ㄇ型」結構，中產階級雖無法頂天立地，但實際上是穩定社會的重要力量。但曾幾何時，越來越多的富豪瘋狂收購城市中精華地段的土地與住宅，提高租金和售價。而值此之際，三餐難得溫飽的貧困家庭數也急遽增加。

當富人的人數增加、財富大幅累積的同時，窮人人數也迅速激增，但是擁有的資產卻不斷減少，「M型社會」就隨之而生。兩極化的財富分配，使窮人與富人的距離越拉越遠，分據社會光譜的兩端。

「M型社會」在工作上造成什麼影響呢？

富人非常懂得「以錢賺錢」的技巧，只要投入少許的工作時間，即可獲得高額的報酬，擁有豐裕滿足的物質生活，亦能享受令人稱羨的休閒時光。

相反的，窮人為了改善個人及家庭的經濟環境，只好拚命工作、賣力加班，投入所有可用的時間與精力，但因工作的單位時間產值低，且效率不彰，儘管工作越接越多，生活越來越忙碌，經濟狀況卻始終未見明顯改善。

結果，「M型社會」導致了「窮人越窮越忙，富人越富越閒」的社會現象，富有程度似乎與時間支配度成正比。

L型與倒L型的工作模式

你無法隻手扭轉「M型社會」的趨勢，大家都無力改變它。

但是你我都必須因應時代的變遷，找到自己的求生之道。

藉由圖表或圖形來解析複雜的現象，可幫助簡化困難的問題，迅速找到解決問題的線索。

讓我以圖示來分析「M型社會」。

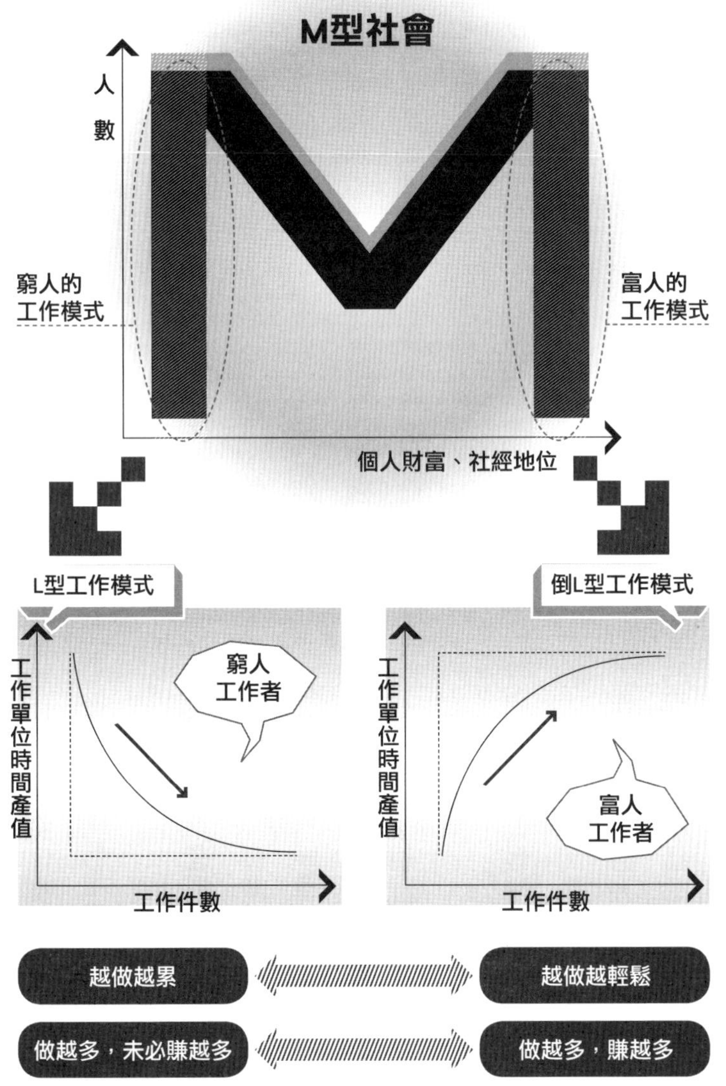
M型社會
人數
窮人的
工作模式
富人的
工作模式
個人財富、社經地位
L型工作模式
倒L型工作模式
工作單位時間產值
窮人
工作者
工作件數
工作單位時間產值
富人
工作者
工作件數
越做越累
越做越輕鬆
做越多，未必賺越多
做越多，賺越多

以個人財富或社經地位為橫軸，人數為縱軸時，你可以發現繪出的圖形，就如同麥當勞的商標「M」字一般。左邊代表低所得或低社經地位者，右邊代表高所得或高社經地位者，這兩大族群人數遽增，故形成M字左右兩個高峰；中間的中產階級因人數減少，故成為下凹的一群。

我觀察「M型社會」左右兩個族群的工作模式後，發現其中存有相當顯著的差異。「M型社會」左端的窮人工作者，雖然使盡全力、賣命工作，但其工作性質大多屬於收入較低的項目。以工作單位時間產值相對於工作件數繪製成圖後，你可以清楚發現，在這個族群中，工作單位時間產值隨著工作件數增加而逐漸減少，大部分的工作機會皆來自於低報酬的項目。逐一將圖形簡化後，就成為「L型」的工作模式，L字下方的橫槓落於低工作單位時間產值的事務上。

反之，「M型社會」右端的富人工作者，不會將時間耗費在低報酬的工作上，他們的工作單位時間產值隨著工作件數的增加而增加，並將大部分的時間投注於高產值、高報酬的項目上。將圖形簡化後，就成為「倒L型」的工作模式。與窮人工作者相比較，可瞭解其中最大的差異，在於富人工作者「倒L」字的橫槓是落在高工作單位時間產值的事務上。

富人工作者與窮人工作者

由前述圖形的分析，可以清楚瞭解兩件事情：

◉**窮人工作者**——是「L型」工作者。

越做越累。做越多，未必賺越多。

因為都在做低工作單位時間產值的事。

◉**富人工作者**——是「倒L型」工作者。

越做越輕鬆。做越多，賺越多。

因為都在做高工作單位時間產值的事。

如果你不希望成為窮人工作者，也不希望成為「M型社會」下凹的那一群，就應該積極思考下列三點：

1 調整工作時間——分配時間，多做高工作單位時間產值的正事，少做低工作單位時間產值的雜事。另外，積極提升自己的工作能力也相當重要，能力越強，越能擁有更多選擇高工作單位時間產值工作的機會。

2 做好時間管理——督促自己在一定的時間內，做完應做的分內與分外之事。妥當安排工作的優先順序，減少不必要的時間浪費，掌握工作的重點，在井然有序的狀況下完成工作。

3 提升工作效率——讓自己以高效率完成正事，在短時間內處理完雜事。別讓自己成為窮忙族，努力尋找及減少阻礙工作及影響效率的外在因素及內在習慣，建立高效率工作的成功模式。

徹底執行上述三大要點，即可逐漸脫離窮人工作者的困境，讓自己做越多，也有機會享受更多。

大前研一在《M型社會》這本書的自序中提到：「踏入『新的繁榮』之路，現在是最後的機會！」

「M型社會」的來臨是挑戰，是衝擊，但未必不是一個大好機會。

掌握機會，搶到工作的時間，你也能成為「M型社會」右端的富人工作者！

2 上班族的三大時間策略——郭台銘的鴻海帝國

如果你是郭台銘，一天有多少時間？
如果你是郭台銘，要如何日理萬機？

鴻海帝國

我應邀到專案管理學會演講，問上課的學員一個問題：「自己管理的企畫專案，可以百分之百準時完成的人請舉手！」只有不到一成的學員舉手。

接著問：「大多數的企畫專案都無法準時完成的人請舉手！」有三分之一的學員舉了手。

我再問：「當你的專案無法準時完成時，會大幅影響業績的人請舉手！」結果，有一半以上的學員都舉了手。

「再好的專案、再新的構想，若是無法準時完成，績效也會大打折扣！」我語重心長地說，「搶時間完成工作確實很重要！」

演講結束後，我與一位學員談話，我問他：「你們在接受專案管理訓練時，不是都學過時間管理嗎？」

他搖搖頭說：「我們有學過專案相關的時間管理，但是沒有上過個人時間管理的課程。」

我笑說：「如果無法管好個人的時間，那麼專案進度的掌握不是更難管理嗎？」

他同意地點點頭。

先來說個郭台銘的故事。

他可能是台灣媒體最愛追逐、市井小民最感興趣的大企業家。

郭台銘早年以黑手起家，赤手空拳創立了現今龐大的鴻海帝國，他的成功故事是眾多年輕人奮鬥的目標。

第一次到鴻海公司參觀，在大門口的警衛室等候前來接待的主管時，我對室內極其簡單的擺設深感驚訝。如果不是掛著公司的招牌，你絕對想像不到在這座大門之後，竟是一家企業版圖橫跨全球的世界級大公司。

我很喜歡郭台銘說過的一段話：「阿里山的神木之所以大，四千年前種子掉到土裡時就已決定了，絕對不是四千年後才知道。」

一個人能否成功，大部分取決於初始時的企圖心與個人的未來願景。

郭台銘很忙，一忙起來，每天至少要奮戰十五個小時。在晨泳後，還來不及吃早餐前，就在泳池畔與高階主管商議要事。

他是富人工作者，沒有時間浪費，也絕不浪費時間。

郭總裁的寶貴時間

郭台銘首次為鴻海爭取美國訂單時，親自站上第一線向客戶說明。

他搭上最便宜的深夜班機，從台灣千里迢迢，好不容易抵達客戶的總部時，已是週五上午。他興致勃勃地想向客戶做簡報，沒想到對方因趕著要休假，便請他下週一再來公司。

郭台銘敗興而歸，只好在旅館裡多住了三天。為了節省意外增加的開銷，他一天只吃一餐，一餐吃兩個漢堡。

在飢餓的三天裡，他因為沒有交通工具，只能坐困旅館內。但他並未因此感到意志消沉或自怨自艾，反而積極利用這難得空出來的三天寶貴時間。

在三天內，他完成了拓展美國事業的宏圖大計。

後來獲得的訂單及所構想的計畫，為鴻海公司打下深厚的基礎，也撒下了郭台銘所謂的「神木種子」。

沒有當初的種子，就無法誕生今日的鴻海帝國。

鴻海的三大時間策略

如果你有興趣，可以瀏覽一下鴻海公司的網站。

在網站的核心競爭力中，提到五大產品策略，分別是速度、品質、工程服務、效率及附加價值。

眼尖的你立刻可以發現「速度」排在第一位。

鴻海為了積極布局全世界，另外提出三個時間的策略：

- Time to market——即時上市
- Time to volume——即時量產
- Time to money——即時變現

由產品製造上市（market），至大量生產（volume），再到獲取利潤（money），皆是與時間在競賽。搶先上市，可吸引消費者目光，獲得最大商機；搶先量產，可取得價格優勢，擴大市場占有率；搶先獲利，可迅速取得資金，做下一階段的投資及開發，再促成下一項新產品的提前上市，另外獲得嶄新商機。

在三個時間策略環環相扣下，產生強大的正向循環，使鴻海能夠在短時間內迅速成長茁壯，成為今日科技界的巨人。

上班族的三大時間策略

上班族要如何參考鴻海的時間策略，改進目前的工作模式，修正原有的工作習慣，建立有效的時間概念呢？

我提供上班族的三大時間策略做為參考：

- Time to idea——**即時思考**
- Time to work——**即時工作**
- Time to product——**即時成果**

1 即時思考

過於忙碌地工作，沒有喘息的機會，讓你無法停下腳步，檢視目前的工作狀況，也無法重新規畫未來的目標。即時思考的意義在於不要讓自己淪為一部

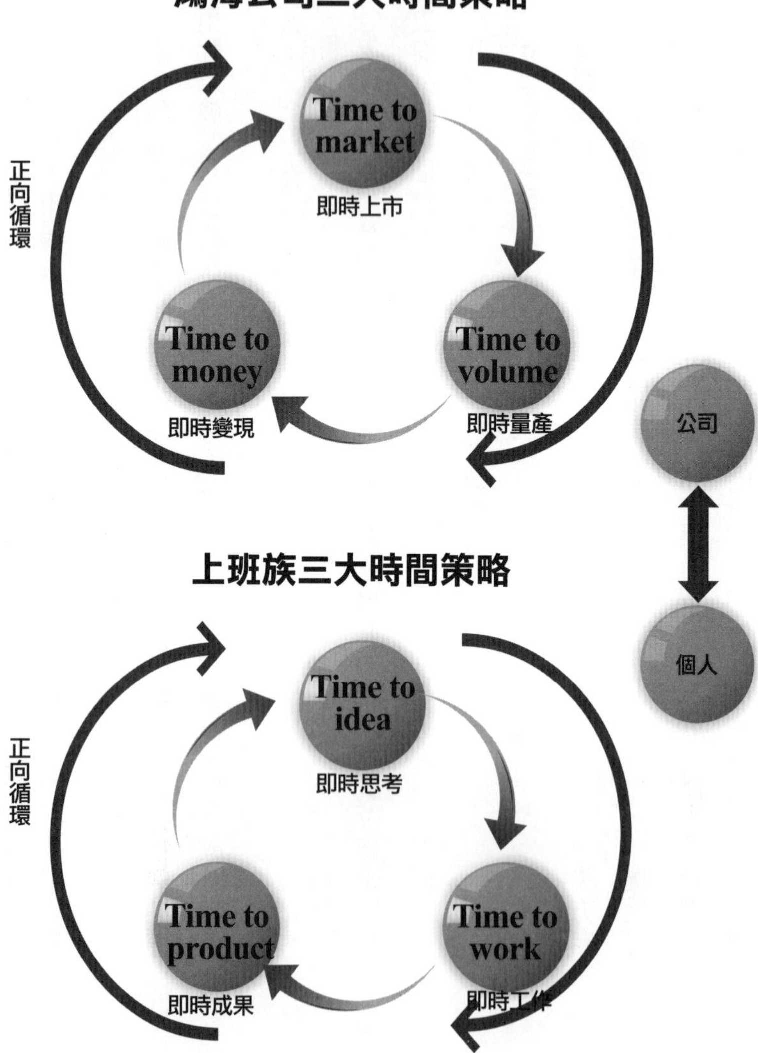
鴻海公司三大時間策略
正向循環
Time to market
即時上市
Time to volume
即時量產
Time to money
即時變現
公司
個人
上班族三大時間策略
正向循環
Time to idea
即時思考
Time to work
即時工作
Time to product
即時成果

工作機器，反而喪失了大腦的思考功能。應當隨時檢討工作缺失，修正工作方式，適時調整既定目標，要求自己先想再做，而不是先做了再後悔。

2 即時工作——並非要求馬不停蹄地工作，該歇息的時候，就該下馬休息；但在不能懈怠的時候，就不該偷懶摸魚。設定工作目標之後，應該積極把握時間，集中火力，努力工作，以求在短時間內完成既定目標。切忌自尋藉口，故意拖延，不僅延誤公司業務進展，也耽誤了自己的大好前程。

3 即時成果——有工作不一定有成果，然而不工作必定毫無所獲。成果的定義視職場及個人工作性質而異，但共通點是：老闆與主管重視的是最終成果，而非你做了多少工作。在工作過程中，遇到可獲得工作成果的機會，應當好好把握，立即取得成果，以提升自己的績效。

養成即時思考的習慣，讓你及早策立工作目標，幫助自己不迷失方向；抱持即時工作的積極態度，讓你依循既定目標全力衝刺，不偷懶懈怠；抓住時機獲得即時成果，可使自己提前完成計畫，順利達到預設目標，如此你又賺得更多閒暇時間，可供進行下一階段的思考與計畫。

這種在工作上的正向循環，就如同鴻海公司的正向循環一般，會產生強大的力量，將自己推向職場的高峰。

我告訴上課的學員：「on time與in time的概念也很重要！前者是準時，後者是即時。唯有準時又即時地完成任務及工作，才能發揮原訂計畫的最大效益。」

神木歷經千載歲月，人類無法與之比擬。然而說不定我們身上都有巨木的種子，只是尚未萌芽。改變管理時間的習慣，調整思維，有朝一日你也可能成為巨木！

3 不疾而速的時間法則——李嘉誠的四句箴言

**聰明的人，狀似不忙，卻輕鬆快速完成工作。
辛苦的人，狀似很忙，卻無法如期達成任務。**

李嘉誠搶時間自修

某商業雜誌要製作「時間管理」的專題報導，以時間管理做為封面故事。前來採訪的編輯訪問完後，問我：「難道時間管理就是精確地掌控生活中的每一分鐘嗎？如果是這樣的話，不就會變得非常緊張嗎？」

我笑著回答：「當然不是這樣囉！」

來聊個華人首富李嘉誠的故事。

李嘉誠的爺爺是清末的秀才，照理說應是家境優渥的大戶人家，但因時代動盪之故，李嘉誠無法成為含著金湯匙出世的好命少爺。

他們一家六口為了躲避戰亂，翻山越嶺逃至香港。父親曾在鐘錶行短暫任職，卻因感染肺結核而英年早逝。當時只有十四歲的李嘉誠被迫放棄升學，不得已成為童工，撐著孱弱的身軀挑起一家的經濟重擔。

他雖然無法正常上學，卻不放棄任何可以學習的機會。

他說：「別人是自學，我是『搶學』，搶時間自學。」在工作的空檔，在下班後，他總是拚命利用空閒的時間自修。

一本二手的辭海舊字典，一本學校老師用的教科書，就是他自我學習的課本。他自己教自己，自己考自己，再自行尋找答案。透過不斷模擬師生之間的對答，他學會了許多同齡孩童所不知道的事物。

為了積極運用工作以外的時間，他不看小說，也不閱讀對自己未來沒有助益的書籍。他不願浪費時間玩耍作樂，也自認沒有娛樂的權利。想要出人頭地，唯一之道就是追求知識、增進實力，他也確實一直身體力行，瘋狂地吸收知識。

早年輟學的李嘉誠自知英文程度不佳，但為了瞭解最新的產業動態，便訂閱了英文版的塑膠專業期刊。一字一句翻閱字典，強迫自己接觸英文，並大量學習塑膠專業知識。

因為長期閱讀專業期刊，所以他能夠清楚掌握時代的潮流與產業的脈動。深深瞭解塑膠材料將是大戰結束後最重要的民生物資之一，便決定自行創業，向親戚借貸資金，創設了「長江塑膠廠」。

在草創初期，這只是一家微不足道的家庭式小工廠。然而李嘉誠利用自學而得的知識，改變製程設計，調整生產方式，六年後終於成為香港最大的塑膠花出口商，獲得「塑膠花大王」的封號。

長江塑膠廠替他賺進人生的第一桶金，也為他奠定日後發展成跨國大企業的堅實基礎。

李嘉誠的四句箴言

在多年的苦心經營下，長江塑膠廠擴展為長江集團，旗下上市公司的總市值超過五兆元，企業版圖橫跨五十五國，是世界最大的民營貨櫃碼頭公司，是澳洲最大的配電商，亦是全球最大的美容與藥品零售集團。

長江集團是華人民營企業中規模最大的公司、也將李嘉誠推上華人世界首富的顛峰。

他日理萬機，需要隨時處理集團內的突發狀況，也必須當機立斷，迅速做出明智抉擇。按理來說，他應是極端忙碌，但其實他總是不疾不徐地處理公司重要事務，沒有被龐大的企業及複雜的公事壓得喘不過氣來。

他曾說過四句極富哲理的話，闡明自己的工作模式與人生態度：「好謀而成、分段治事、不疾而速、無為而治」。

●**好謀而成**——謀定而後動。針對企業的重大投資及重要任務，切勿衝動行事、操之過急。需先審慎規畫，收集所有相關資訊，詳加分析與判斷後，再行出手，才可成就大事。

●**分段治事**——複雜大事無法一蹴可幾。應將大事切割成數個部分，在不同時間按部就班地完成各階段目標；也應將各個部分依工作內容分派給不同部門，透過跨單位的合作，齊心協力完成任務。

●**不疾而速**——凡事不可莽撞躁進，但應力求迅速完成。在問題發生前，即做好各項萬全準備，預設各種因應措施。當機會來臨時，因已準備充分、胸有成竹，故可快速決斷，一舉掌握先機。

●**無為而治**——企業之所以能成功，要管理的對象是制度，而非公司的員工。制度明確化，員工有清楚的依循準則，管理者自然可以輕鬆治理企業。緊迫盯人式的「有為」管理，還不如制度分明式的「無為」治理。

上班族工作的四句箴言

在李嘉誠的四句箴言中，我最欣賞的一句是——不疾而速。正如同武俠小說裡的武林高手一般，已經將功夫修練得爐火純青時，才能悟出練功的真正訣竅。

我們可以進一步思考，利用他的四句箴言來調整自己的工作模式：

1 好謀而成——工作的第一步在於設立明確目標，寫下今年自己的工作方針，訂出期望達到的營業成果，詳盡規畫工作的細節，深思熟慮後再積極行動。

2 分段治事——別因任務繁重而焦躁煩惱、壓力上身。你可以將工作分割成各週或各月之計畫，把各個時段裡的工作視為獨立事項，每完成一項，就獎勵自己一番，以激勵自己再進行下一階段的要務。

3 不疾而速——工作上所要求的是不快而快。過度心急求快，未必能提前完成；超級緊張忙碌，未必能準時下班。周詳的計畫是避免工作混亂失序的不二法門，充足的準備亦是應付突發狀況的萬靈丹。

4 無為而治——以工作日程表來協助「治理」日常紛亂的事務。依原訂的工作目

上班族的時間管理思維

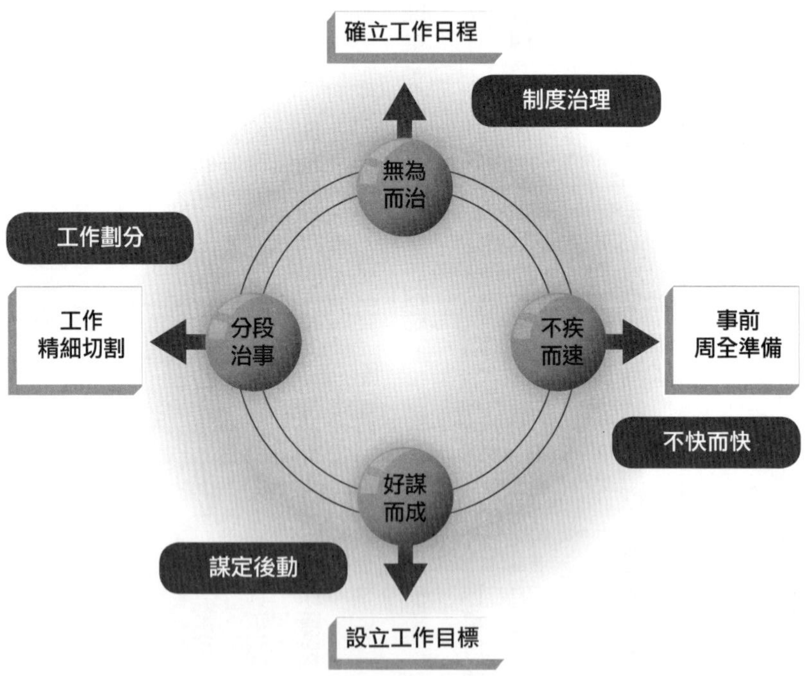
確立工作日程
制度治理
無為
而治
工作劃分
工作
精細切割
分段
治事
不疾
而速
事前
周全準備
不快而快
好謀
而成
謀定後動
設立工作目標

標，妥善安排自己的工作日程，狀似無為治理，其實早已將工作程序精心規畫妥當，自然能夠從容不迫地處理公司事務。

只要你懂得善用以上四句話，工作就會變得有條不紊，處理起公司的大小事情，也會感到游刃有餘。

我借用李嘉誠的四句箴言回答了那位編輯的問題，讓她瞭解到時間管理的最終目的是快速處理事情，讓生活變得輕鬆愉快。

「不疾而速」的概念，是時間管理的最高指導原則。

4 時間管理的迷思與陷阱——彼得．杜拉克的時間管理

自認只要認真工作即可，無須注重時間管理，是上班族共通的迷思。因工作量遽增，只能以超時加班來因應，這是時間管理的可能陷阱。

布拉格的天文鐘

在有「建築物博物館」美稱的捷克布拉格舊城市中心，矗立著一座舉世聞名的華麗天文鐘塔，全年無休的為市民整點報時。

天文鐘的下方為造型特殊的月曆圖像，最外層以波西米亞人四季生活的圖像代表十二個月分，中層繪有十二個星座的圖案，最內層則為布拉格舊城的城徽。

每到整點，廣場上萬頭鑽動，擠滿了來自世界各地的觀光客，爭睹天文鐘的機械式木偶表演。當第一聲鐘聲開始響起，在耶穌門徒聖保羅的帶領下，十二位門徒陸續現身，最後以雞啼及鐘聲做為結束。

當人們抬頭仰望天文鐘的時刻及表演時，還會看到時鐘兩側的四尊小雕像：拿著一

面鏡子的人，象徵「虛榮」；拿著錢袋的猶太人，象徵「貪婪」；手持樂器的土耳其人，象徵「欲望」；還有令人觸目驚心的骷髏人骨，象徵「死亡」。

天文鐘的這番設計帶有潛藏的意涵，暗喻凡是虛榮、貪婪、沉溺欲望、浪費時間的人，最後只能束手無策地面對死亡。

在每天忙碌的生活中，你是否也應該找個機會，檢視自己是否為了不必要的事，平白浪費許多寶貴的時間？

杜拉克的時間管理

彼得．杜拉克是聞名全球的管理大師。他一生擔任過的職務頗多，包括報社記者、大學教授、經濟評論家，甚至還寫過小說。他最卓越的貢獻在於所提出的企業管理概念，對眾多大型企業的組織架構與經營模式構成深遠的影響。

杜拉克具有犀利敏銳的洞察力，可迅速發覺問題核心，找出影響事件的關鍵點，然後一針見血、切中要害地提出有效的解決方案。

在《有效的管理者》一書中，他提到要成為高效能的工作者，必須具備五種能力：

●管理自己的時間

●投入有貢獻的工作
●發揮個人的專長
●專注於最有成效的工作
●制訂有效的策略

在上述五種能力中，時間管理的能力列在首位。杜拉克曾說：「時間是管理者最稀少的資源，也是最寶貴的資源。」

他提出時間管理的三大步驟：

❶記錄時間
❷管理時間
❸整合時間

高效能的工作者習慣利用工作日誌，來記錄自己利用時間的狀況。每記錄一段時間後，再行檢討不同時間內所產生的效能，進而積極管理有限的工作時間，並調整工作日程，使同類型的工作時間可進一步整合。

綜觀職場上許多成功人士，會發現他們的時間管理模式與杜拉克的方法不謀而合。

時間管理的迷思與陷阱

電腦公會邀請我前往講授時間管理的課程，活動負責人在原本的講綱中特別增加一個課題——「時間管理的迷思與陷阱」。這個主題引起我的一番思索。

時間管理的迷思何在？

許多上班族認為自己只要準時上班、不早退蹺班，就算對得起公司了。或是覺得自己已經十分忙碌，忙到必須熬夜加班，忙到幾乎已耗費所有可用的工作時間，所以無須費神思考時間管理的問題。這些想法，都是時間管理的迷思。

殊不知準時上、下班僅代表某人有按規定出現在公司內，而非證明有盡職從事分內的工作。感覺自己非常忙碌，究竟是工作量確實過多，還是本身的效率不彰，以致延誤了工作？或是因時間分配不當，導致無法準時下班？

那麼，時間管理的陷阱又何在呢？

如果工作負擔沉重，會想拚命工作；若是下班前仍未完成，會想超時加班。其實「拚命」與「超時」並非解決工作問題的最佳對策。一味希望用更多時間資源來完成分內工作的想法，是一般人極易落入的時間管理陷阱。

一旦習慣以超時工作來因應手上事務時，自然不會積極思考如何提升工作效率，工作越是繁重，唯一的對策就只有加班再加班。當你將應屬於自己的私人時間及家庭時間都奉獻給公司時，就等於壓縮你個人的休息時間，導致上班時覺得很累，下班後又因無法充分放鬆身心，所以回到家中感覺更累也說不定。

時間披薩餅

想摒除時間管理的迷思，就應該先瞭解老闆的心理，他除了在乎你上班的時數，其實更在乎你的工作成果。此外還應深入探討，究竟感覺很忙是工作量過多所造成？還是工作效率不佳或時間管理不良造成的？

要避免掉進時間管理的陷阱，應該嘗試以超時加班之外的方法來應付做不完的工作，別讓不斷的加班占據屬於你自己的正常生活時間。你應當積極思考如何運用智慧，佐以有效的時間管理技巧，幫助自己準時下班。

我設計了兩個沒有時針與分針的鐘，供你詳細檢視自己的生活。請在左圖中以切割披薩餅的方式，將一天二十四小時分割成不同區塊，回顧自己近來的生活狀況。

我的朋友大衛，在高科技公司擔任主管，我也請他自行分析上班日一整天的情形。

請填入你一天的時間

我的一天

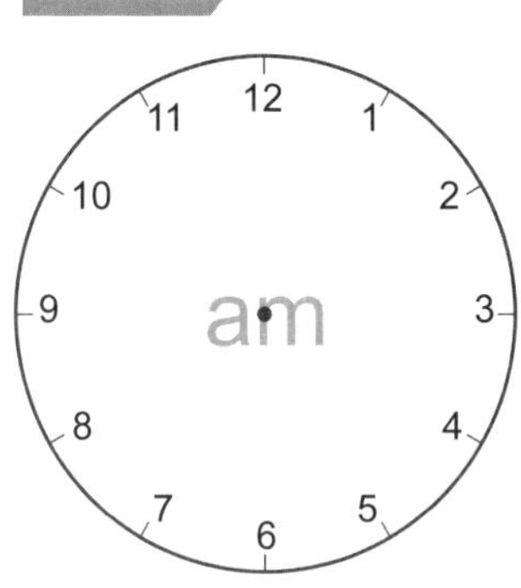

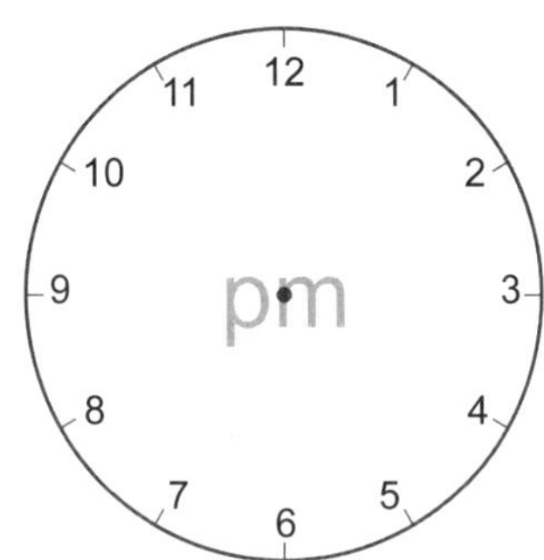

大衛的一天時間

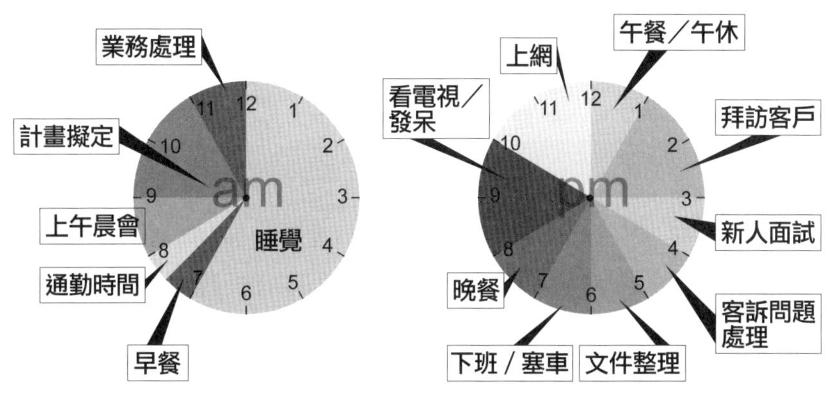

他將早晚兩個「時間披薩餅」依不同項目劃分，赫然發現自己大部分的時間都「賣」給了公司，另一大塊的時間送給了周公，最後留給自己的僅有一小部分，不是上網、看電視，就是累到只能癱在沙發上發呆。

他亟欲改變目前的生活模式，期盼在「時間披薩餅」中能「搶」回一塊供自己享用。

我告訴大衛：「杜拉克說時間管理的首要步驟是記錄時間。剛才你畫了『時間披薩餅』，就是已經跨出時間管理的第一步。」

大衛聽了略微釋懷，也準備開始積極管理自己的時間。

迫切需要時間的你，也請從記錄時間做起。記錄自己的工作時間，畫時間的披薩圖，在持續記錄與畫圖中，你將會逐漸掌握自己的時間。兩個「時間披薩餅」就可以改變你的人生。

在布拉格天文鐘的下方，還有四座小雕像，分別為三個手拿書卷或望遠鏡的學者，以及一位背上有一雙翅膀的美麗天使。

這些雕像意味著人如能掌握時間，做正確的事，即可擁有廣博的知識，也有機會成為人世間的天使，讓自己的人生富有嶄新的意義。

5 追求正值的休閒時間成長率——打敗負利率時代

歌德說：「善於利用時間的人，永遠找得到充裕的時間。」
你希望銀行的存款越存越多，或是休假越放越多？
還是兩者你都喜歡？

負利率時代

Jason大學畢業後，進入一家貿易公司擔任行銷業務。他辛勤工作，也努力將薪水存入銀行。但是存了好久，卻赫然發現自己實際所得的利息竟然是負值，這究竟發生了什麼事？

不論是活期或定期存款，照理說我們或多或少都可以得到部分微薄的利息。但是真正的利息，即所謂的「實質利率」，則必須考慮以下的公式：

實質利率＝銀行掛牌利率－物價上漲率

油價迅速大幅飆漲，引發全球性的通貨膨脹，而通貨膨脹的最大影響就是導致物價全面上漲。當銀行的掛牌利率（名目利率）低於物價上漲率時，「實質利率」就變成負值，邁入了負利率的時代。

在負利率的時代，即使存款放得越久，也不代表可以賺得更多，反而因物價上漲吞噬了銀行利率，實際上得到的是負值的利息。

Jason希望實質利率保持正值，只有兩種方法：一是選擇利率較高的銀行或改變存款方式；二是期待藉由政府的力量，抑制物價上漲率。當銀行掛牌利率大於物價上漲率時，才有機會享受到正值的利率。

實質休閒時間成長率

為何要提及實質利率的概念？因為這與上班族工作量的想法非常相似。

公司為了追求更高利潤，美化財務報表，需要不斷擴充營業項目，增加來店顧客人數，提高產品銷售量。公家機關為了拉近政府與人民之間的關係，提供更多的便民措施，需要延長服務時間，增設服務據點，新增服務項目。

不論是私人企業或公家機關，整體業務量均呈增加趨勢。老闆為了控制人事成本，無法增聘新進員工，主管受限於現有的人事編制，必須將新增的業務分派給原有人員，造成每個人的工作負擔都大幅加重。

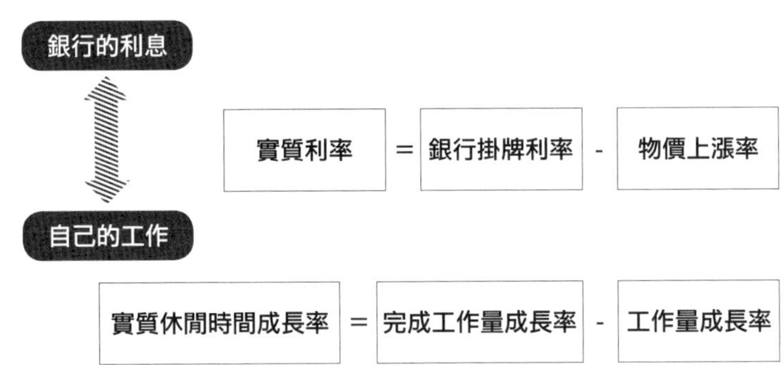

被分派到的工作量顯然是增加了，但老闆或主管交代的所有工作是否都能如期完成，卻是個未知數。被分派的工作若不能如期完成，對公司的成長是沒有助益的。

為了身陷工作漩渦的你，我比照「實質利率」的概念，寫出以下公式給你做為參考：

實質休閒時間成長率＝完成工作量成長率－工作量成長率

工作量有所成長，代表公司的營業項目或產品在市場上具有人氣，也代表自己深受公司主管的重視，此點固然可喜，但是新增的工作若無法如期完成，顧客的抱怨及主管的責難將接踵而來，自己將面臨極大的壓力。

在工作量成長的同時，也必須考慮完成工作量是否同步成長。所以，真正的工作成果成長率不是來自於工作量的成長率，而是來自於完成工作量的成長率。

將完成工作量的成長率減去工作量的成長率，會是什麼呢？我稱之為「實質休閒時間成長率」。

當你的工作量越來越多，但能夠如期完成的工作量卻越來越少時，就無法擁有充足的休閒時間。以成長率的概念而言，就是負值的實質休閒時間成長率。

反之，如果你的工作量增加，但是處理工作的速度也大幅加快，當你的完成工作量成長率大於工作量成長率時，就會獲得正值的實質休閒時間成長率。

上班時間管理高手

我們來思考一下，上班時間管理高手與低手在工作狀況上有何不同。我以下列圖示進行說明：

先以工作量及完成工作量分別對時間作圖。

◉時間管理低手的工作狀況——

以時間管理低手來說，工作量成長率（或稱為增加速度）大於完成工作量成長率。由於在一定時間內可完成的工作量小於被分派的工作量，導致許多工作無法如期完成。

當工作做不完時，就必須不斷日夜加班，以順利完成工作，或是必須向主管或客戶致歉，延後履行承諾的時限。最後實在無能為力，只好兩手一攤，放棄該項工作。不

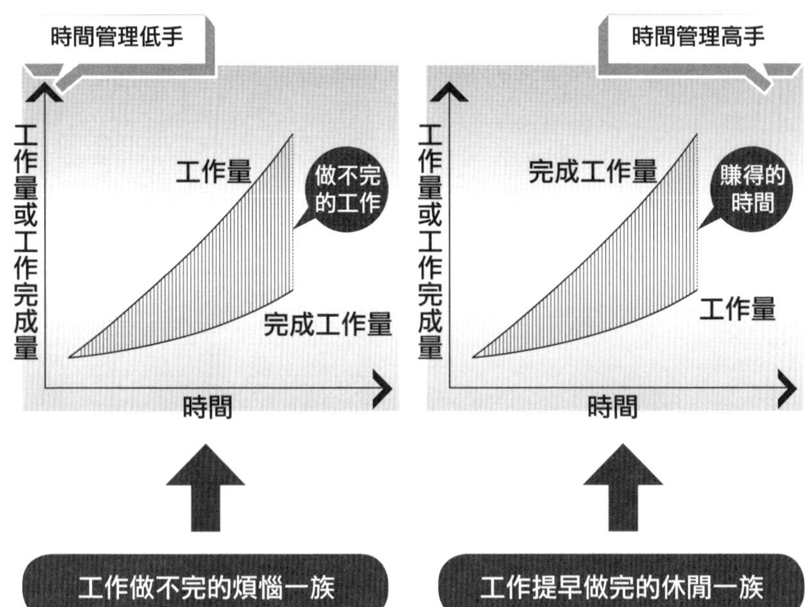

過，如果你不想被炒魷魚的話，應該是不會出此下策的。

◉時間管理高手的工作狀況——

對時間管理高手而言，雖然工作量亦是隨著時間增加，但是從工作中累積的豐富經驗、在職場上學習到的各項技能，再搭配正確的時間管理技巧，都有助於讓你的完成工作量成長率大於工作量成長率，所以可以利用比過去更短的時間，完成同樣的工作，從中所節省下來的時間就稱為「賺得的時間」。你可以利用這些「賺得的時間」去從事自己的休閒活動。

為了獲得正值的實質利率，我們

只能改變存款方式，或是想辦法降低物價上漲率。

為了獲得正值的休閒時間成長率，我們必須訓練自己管理時間，有效率地利用時間，讓自己能以最短的時間完成最多的工作。當你的完成工作量成長率大於工作量成長率時，自然可多「賺取」節省下來的工作時間，用來從事自己喜愛的休閒活動。

真正的時間管理高手並不是工作狂。

他只是懂得如何在上班時間內以高效率熱情地工作。

在上班時間外，他則充分享受屬於自己的休閒時光。

6 〈成功上班族必備的三大能力
——銀行理專的九宮格

學校教了我們各類知識，但唯獨少教了時間管理這一門課。學校教了我們各項專業，卻沒有教我們如何增加工作時間。

銀行理專的煩惱

有一次，一位在人力資源部任職的朋友邀我前往講授時間管理的課程。下課後，一個面貌清秀的女學員前來問我問題。

她說自己是某家大型銀行的儲備幹部（Management Associate, MA），目前在理專部門見習，也實際參與為客戶提供理財服務的工作。每天都有許多客戶來電詢問，或親至銀行洽詢投資理財的相關事宜。客戶在探詢後，多半會要求她提供理財規畫書，以便做進一步的考慮。

她說自己白天除了接聽電話之外，還要耐心為客戶說明投資項目及細節，所以無暇為客戶做理財規畫，只好利用晚上時間加班搜集資料，詳加考量及設計後，再一一回覆客戶。

她又說每位客戶的需求均不相同，有的喜好海外基金，有的偏愛國內基金，有的喜歡長線投資，有的則熱中短線獲利。再加上每位客戶的投資金額多寡不一，所以她每天為了不同客戶的理財規畫書忙得焦頭爛額。

但主管並未體諒她的工作負荷，仍不時交辦臨時任務。她每天都在加班，可是工作還是做不完，非常擔心自己的年終考績。

「我該如何改善目前的狀況呢？」她愁眉苦臉地問。

「妳整天都在接電話，或與客戶洽談嗎？」我問。

她側頭想了一會兒說：「好像也沒有。」

「在與不同客戶的晤談之間，是不是有許多空檔時間？」我接著再問。

她點了點頭。

「那些空檔時間妳都做了什麼事呢？」

「沒有做什麼事啊！大概就是看看電腦，或坐著等下一位客戶上門。」

「那些空檔時間對妳很重要喔！」我笑著說：「妳可以利用那些時間整理上一位客戶的資料，先進行初步的規畫，就能減輕後續的工作量了。」

銀行客戶的九宮格圖

	保守型	中庸型	積極型
高額	保守型 高額投資	中庸型 高額投資	積極型 高額投資
中額	保守型 中額投資	中庸型 中額投資	積極型 中額投資
低額	保守型 低額投資	中庸型 低額投資	積極型 低額投資

她點頭表示同意。

「我再教妳一個方法好嗎？」

「好啊！」

「其實，妳可以將客戶依其投資屬性區分為三類：保守型投資者、中庸型投資者及積極型投資者，分別為這三類客戶做不同的投資組合規畫。例如保守型投資者者應增加債券比重，積極型投資者應提高基金比重，中庸型投資者則兩者並重。」

我繼續說：「然後依客戶預定投資的金額亦區分為三類：低額、中額及高額。將三種客戶屬性及三類投資金額經過排列組合後，會產生九種狀態，這就是所謂的『九宮格圖』。」

我邊畫圖邊說明，「妳可以為這九種類型先行建立基本投資模式，分別設計合適的理財規畫書，將檔案儲存於電腦中。當客戶提出要求時，先判斷客戶的屬性及投資金額高低，找出相關儲存檔案，以該檔案為基礎，再斟酌客戶其他的需求，利用基本模式做小幅度的修改，就可以迅速完成個別客戶專屬的理財規畫書。」

「我怎麼沒想到這一招呢？」她高興地說，「我終於可以提早下班了！」

成功上班族的三大能力

確實，時間管理的問題困擾著許多人。但多數上班族在投入職場之前，都沒有機會正式或非正式地接觸相關課程。

在上述實例中的銀行理專，雖然畢業於知名大學，也具備紮實的學識基礎，只因尚不熟悉職場環境，又較缺乏時間管理的技巧，以致無法在上班時間內完成分內工作，必須不斷加班才能趕上工作進度。

一個會念書的高材生不一定是個成功的上班族。

一個成功的上班族應兼具三種不同的能力。我以黃金三角圖做為說明：

成功上班族必備的三大能力

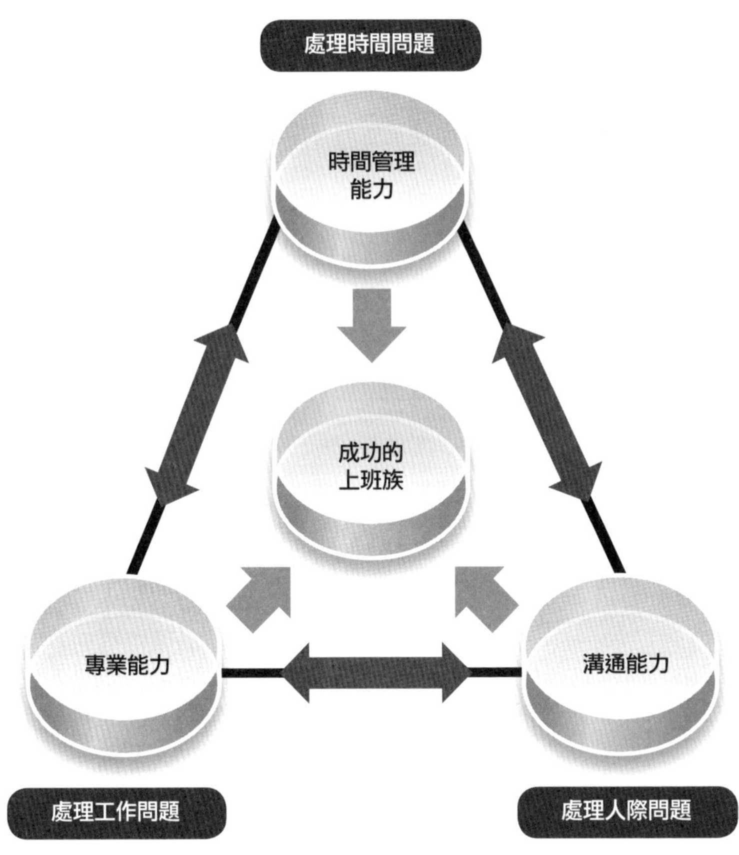

1 專業能力

專業能力代表自己的學養及知識，專業能力越佳，越能應付職場上各式棘手問題。擁有該能力，便能冷靜分析事理，尋找可行對策，選擇必要步驟，決定優先次序，按部就班地完成既定目標。

2 溝通能力

向上的溝通，是對上司；向下的溝通，是對部屬；平行的溝通，是對同事。溝通能力越強者，越能清楚表達個人想法，免除不必要的誤會，減少無謂的摩擦與爭端，營造愉快的工作氣氛。

若覺得工作超出個人的可負擔程度時，應與主管開誠布公地溝通，並虛心向同事請教。溝通的目的並非為了逃避責任，而是為了解決問題。唯有在互信互諒的基礎下，公司的業務才能順利拓展，並兼顧到個人應有的權益。

3 時間管理能力

時間管理能力不僅止於思考如何完成工作，還應設想如何以最省時省力的方式完成最多的任務。善於時間管理者懂得如何積極去除時間障礙，利用最短捷徑，達成預設目標。越早達成目標的人，往往會獲得較佳的升遷機會及更多的工作資源。

在前兩項能力中，專業能力是處理工作事務的能力，溝通能力則是處理人際關係的能力，其實兩者皆涉及時間管理的概念。專業能力強者，能有效縮短工作時間，提前完成任務；溝通能力佳者，能及早解決複雜紛爭，避免衍生事端。

如第五十五頁附圖所示，黃金三角圖中的三大能力交互激盪，從而造就出一位成功的上班族。

時間管理雖然不是求學生涯的必修學分，卻是上班族通往成功之路的必備金鑰。能抓住時間，才可搶得高薪！

掌握時間，增加財富 通關測驗

□請在讀完本章後，進行第一次的複習及自我評估。
□請在一個月後，進行第二次的回憶及自我評估。
□請在三個月後，進行第三次的檢討及自我評估。

□□□ 我要努力成為M型社會右端的一群，盡量脫離M型社會的左端。

□□□ 我希望成為「富人工作者」，採用「倒L型」的方式工作，越做越輕鬆。

□□□ 上班時，會注意管好自己的時間，盡力提高自己的工作效率。

□□□ 重視「即時」所產生的效應，採用Time to idea, Time to work, Time to product三大策略。

□□□ 工作時，會注重On time及In time的概念，要求自己準時又即時。

□□□ 記住李嘉誠的四句箴言：「好謀而成，分段治事，不疾而速，無為而治。」

□□□ 明白神經緊繃與過度緊張並無法加快工作速度。事前有周詳的計畫與準備，才能使工作「不疾而速」。

□□□ 瞭解當完成工作量成長率大於工作量成長率時，才能獲得正值的休閒時間成長率。

□□□ 積極地從工作中累積經驗，縮短學習曲線，讓自己完成工作的速度不斷加快。

進行自我評估時，請依自己目前的狀況檢驗。

若已達成，請打∨；偶爾能達成或尚無法達成，請空白。當每道測驗都填上∨時，即表示全數通關！

通關筆記

Review and

□□□ 期許自己不要成為工作狂。除了上班，也應享受自己的個人生活。

□□□ 明白時間管理的第一步在於記錄時間，會仔細在工作日誌上記載各段時間需進行的重要事項。

□□□ 破除時間管理的迷思與陷阱，瞭解拚命加班與超時工作不是應對工作的唯一良方，正確的技巧與概念更重要。

□□□ 努力培養成功上班族的三大能力──專業能力、溝通能力與時間管理能力。

□□□ 重視自己的私人時間，也重視老闆僱用自己工作的時間，會充分有效地利用上班時間。

第二章
時間管理策略

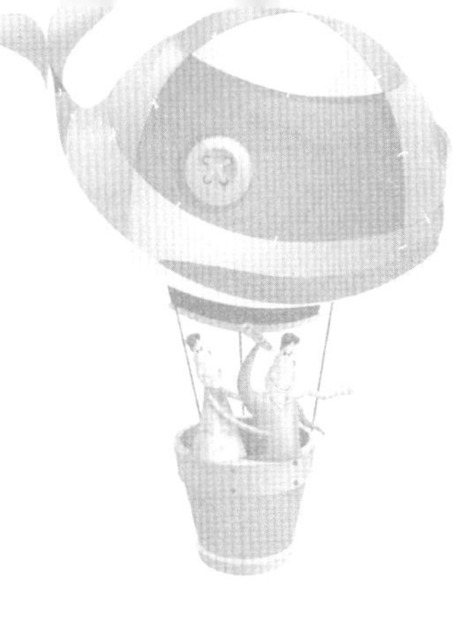

時間管理策略

- 三抓三放的簡化工作原則
- 時間管理的微笑曲線
- 重要與緊急的四象限圖
- 同心圓的N字型法則
- 時間管理的四P與四C理念
- 時間管理的微分與積分法則

7 〈三抓三放的簡化工作原則〉
——熱愛時間的比爾蓋茲

勇於與時間賽跑的人，未必贏得了時間。
放棄與時間競逐的人，必定會輸給時間。

比爾蓋茲的追逐時間

泰戈爾說過一句饒富哲理的話：「如果錯過太陽時你流了淚，那麼你也會錯過群星。」

我們不想錯過太陽，也不願錯過群星。

比爾蓋茲大概是科技界最忙碌的總裁之一，他從年輕時期就已懂得要跟時間賽跑。他在就讀湖濱中學時，獲得一個撰寫電腦程式的機會，便與朋友保羅一起承接該項專案。為了在期限內按時交件，兩人鎮日埋首工作，幾近廢寢忘食，經常整天關在學校的電腦室內，長時間不進食，也不會見任何人，有時甚至一天工作超過二十個小時。

在絞盡腦汁、精疲力竭的狀況下，他發現一個可以幫助自己思考的方法，就是前後搖晃身體或在室內踱著方步，這樣有助於將思緒集中在問題焦點上。

埋首苦撐八個禮拜後，他終於走出了電腦室，順利完成任務。

比爾蓋茲熱愛電腦，尚未自哈佛大學畢業前，就迫不急待在自家車庫裡創業。創立微軟公司的那一年，他還未滿二十歲。

在創業的最初七年內，他一共只休假十五天。比爾蓋茲認為工作是一場競賽，他喜歡在緊要關頭全力以赴的感覺，也深深享受伴隨而來的快樂與成就感。

比爾蓋茲勇於追逐時間，結果打造出有史以來最強大的電腦軟體王國，為全世界數以億計的人們提供工作上的幫助及便捷。

比爾蓋茲曾開玩笑地說，自己沒時間思考經濟學，來不及成為生物化學家，也無暇練就高爾夫球七十二桿的好成績。雖然這些都是他想做的事情，但並不是他最喜歡的事情。

他最喜歡的是電腦，最想積極擁抱的是高科技，所以心甘情願，將自己絕大部分的時間資源投注在電腦科技上。

比爾蓋茲的三大成功要素

有一次，和某家電子公司總經理晤談時，他提到對於龐大的企業體而言，提高營運績效是終極目標，而他自己最想達成的是「簡化工作」。

那段談話讓我深有所感。

我們以比爾蓋茲為例，他的成功可歸因於三大要素：

1 明確設立目標

他知道電腦是明日科技的夢想，也深信自己就是實現那個夢想的人。在心中訂立明確的工作目標，設定清楚的工作藍圖，詳細規畫工作進度，就義無反顧地努力逐夢。

2 集中焦點攻擊

Focus這個單字是名詞，也是動詞。名詞是指焦點，動詞則是指集中焦點。比爾蓋茲將自己的精力及時間全部投注在電腦科技的研發上，集中焦點猛烈攻擊，所以能在短時間內締造驚人的卓越成果。

3 簡化工作內容

比爾蓋茲專心經營他的軟體王國，無暇兼顧其他事務。他大幅簡化工作內容，使自己可以心無旁騖地專注於本業上。工作的簡化讓他能專心思考，大幅減少無謂的時間浪費，從而獲得關鍵性的勝利。

三抓三放的簡化工作原則

曾經在日本綜藝「電視冠軍」節目中，看到有一位水果達人。他為了讓果樹結出最碩大、最甜美的果實，會在果樹開花後摘掉大部分的花朵，僅留下兩三個花苞。

「這樣不會使果實產量大減嗎？」訪問者不解地問。

「我要讓全部的養分都灌注在這幾個花苞上，這樣才能夠結出最大、最甜的果實。」達人自信滿滿地說。

水果達人的祕訣非常值得我們參考。

在第六十七頁附圖中，你可以看見左側有一株小樹，狀似茂密，但向側邊橫生出許多細小枝幹。如果把主樹幹比喻為本業工作的話，那些細小枝幹就相當於瑣碎的雜務、不具意義的小事、冗長無聊的會議、徒具表面工夫的人際交往等。以「時間養分」來說，這些細小枝幹與主樹幹是競爭者，主樹幹因吸取的養分不足，以致無法持續向上成長茁壯。

若你將那些搶奪「時間養分」的旁枝細幹大刀闊斧地砍除，所有的養分將悉數灌注在主樹幹上，便可使樹幹迅速拔高，成為頂天立地、高聳入雲的大樹。

我非常同意那位總經理的看法。工作必須適當簡化，有限的時間資源才夠使用。我在忙碌的生活中，也是利用簡化工作的概念，替自己爭取更多的時間。

該如何簡化工作呢？請參考以下「三抓三放」的原則：

1 抓大事，放小事

集中思考工作上的大事，對於微不足道的小事，無須過度煩心。高階管理者必須為公司明確定位，掌握未來發展的重要方向，別為枝微末節而操心；基層工作者應將時間用於可明顯提升業績的事務上，無關緊要的小事則盡量刪除。

2 抓正事，放雜事

要順利完成一件工作，有其必要的程序及步驟。與完成該項任務有關的稱為正事，無關的則稱為雜事。一個有智慧的工作者應抓緊正事，將心力和時間集中投資於處理與該任務最相關的核心問題；至於與正事無關的雜事，可交由旁人處理，或是盡量避免，以簡化工作內容。

工作簡化思考圖

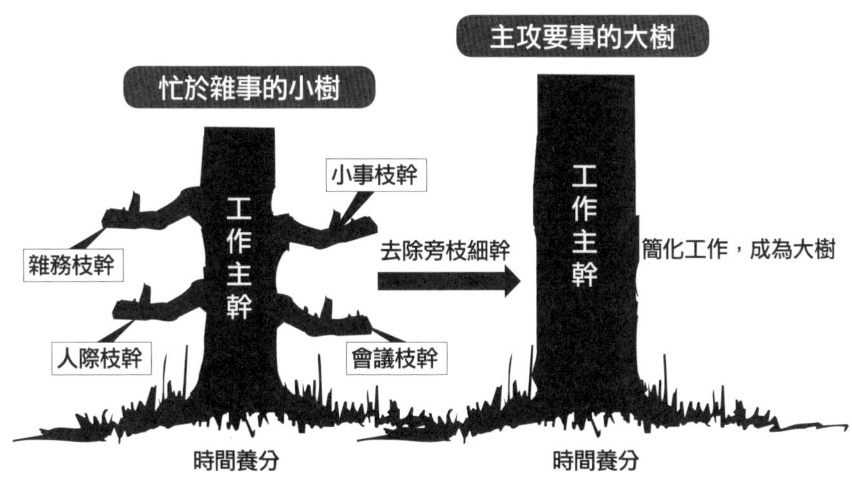
主攻要事的大樹
忙於雜事的小樹
工
作
主
幹
小事枝幹
雜務枝幹
人際枝幹
會議枝幹
去除旁枝細幹
工
作
主
幹
簡化工作，成為大樹
時間養分
時間養分

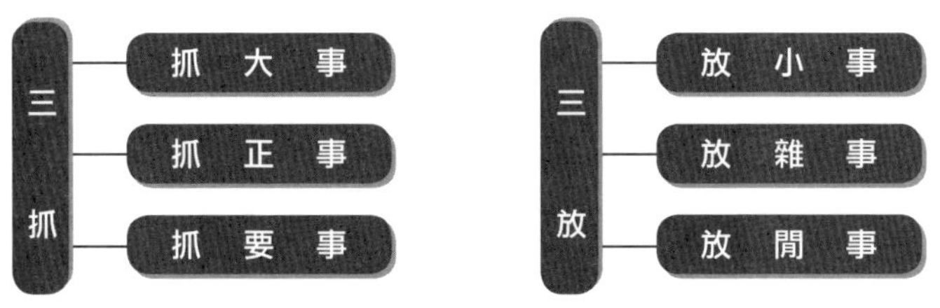
三
抓
抓　大　事
抓　正　事
抓　要　事
三
放
放　小　事
放　雜　事
放　閒　事

3 抓要事，放閒事

重要又緊急的事情應該在第一時間完成；沒有時間壓力的閒事，則利用工作空檔，簡單處理即可。要事與閒事的差別，在於對績效的貢獻度以及時間的緊迫程度。高績效貢獻度、高時間緊迫性的要事必須優先處理，低績效貢獻度、低時間緊迫性的閒事則可暫緩或刪除。

比爾蓋茲之所以能夠成功，是因為他熱愛電腦，也熱愛時間。

如果你也希望在事業上有一番大成就，請抓住主幹，放棄枝幹，說不定有朝一日，你也會成為郭台銘口中的巨大「神木」。

8 時間管理的微笑曲線——施振榮的微笑曲線

施振榮的微笑曲線理論，改變了企業界的傳統思維。時間管理的微笑曲線概念，也將改變原有的工作模式。曲線會微笑，你在工作中也會微笑。

戀愛巴士的德國經驗

幾年前，有個日本實境綜藝節目「戀愛巴士」，因獨創的節目設計而深受年輕人歡迎。獲選參加的團員乘坐可愛的粉紅色小巴士，到世界各地遊覽風景名勝，並在旅途中培養愛苗、譜出戀曲。

有一次，團員來到德國，下午三點鐘，在露天咖啡座遇到一位西裝筆挺的上班族。在一番簡單的寒暄後，團員與那位男士聊了起來。

「你是蹺班跑到這裡喝咖啡的嗎？」一名團員開玩笑地問。

「不是。」德國紳士面帶微笑地回答。

「你下班了嗎？」

「是啊！」

「現在才下午三點鐘耶！」團員們大為驚訝。

「對啊！沒錯！」他啜飲一口咖啡。

「為什麼你可以這麼早就下班呢？」

「因為我們是彈性上班制，每個人可以自由安排上下班的時間。只要你提早上班，就可以提前下班。」

日本團員聽了，都露出羨慕不已的神情。

「那麼，提到日本，你會立刻聯想到什麼？」另一名團員問。

「過勞死（karoshi）。」德國紳士以清晰的日語發音回答。

全體團員剎時甚感尷尬，靜默半晌，無言以對……

企業的微笑曲線

每次出差到東京參加會議，都很慶幸自己不是在日本上班。

在早晨的尖峰時刻，整列電車擠滿了身著深色西裝、手提公事包的上班族。每個人的衣著打扮均極為相似，猶如身穿同一家公司的制服，而且臉上總是神情漠然、不苟言笑。在摩肩擦踵卻出奇安靜的車廂裡，讓人感受到一股莫大的無形壓力。

為了舒緩上班族的壓力，日本開始出現教導民眾如何微笑的專業學校，也有企業積極開發與微笑有關的產品，一個「微笑產業」儼然成形，背後潛藏著龐大的「微笑商機」。某家知名的相機大廠甚至開發出「微笑快門」，號稱能瞬間捕捉畫面中人物最燦爛的笑容。

宏碁集團創辦人施振榮曾提出「微笑曲線」理論，除了畫出的圖形看似一抹微笑外，同時也希望企業界的大老闆們能因為這個理論而微笑。

在第七十三頁附圖上方的「微笑曲線」中，縱軸是企業附加價值，橫軸是隨著時間推移所產生的三個階段：研究開發、生產製造與品牌行銷。對於以代工為主的經營模式，因產品生命週期短，原本的利基產品將迅速變成微利產品，所以生產製造所衍生的附加價值落在曲線的底部。

在曲線的左端是研究開發，是以創新為基本訴求，不走「me too」路線，以截然不同的思考模式，打造具有嶄新概念的商品，開拓未曾開發的市場，所以能為企業創造高額的附加價值。

在曲線的右端則是品牌行銷，包括品牌創立、通路管理及售後服務等，利用品牌優勢拉開與競爭者之間的距離，藉由行銷通路擴大產品的市場占有率，並加強售後服務，以贏得顧客的信任。對於品牌行銷的投資可以直接提升企業的實質利潤，所以亦能產生高額的附加價值。

個人工作的微笑曲線

施振榮的「微笑曲線」對你的時間管理策略有何啟發呢？我提出「個人工作的微笑曲線」供你參考。

左頁附圖下方的微笑曲線圖中，縱軸是工作附加價值，橫軸是依時間推移所產生的三個過程：計畫思考、日常業務／雜務和實現業績。

上班族每天汲汲營營地工作，處理許多例行事務，例如搜集資料、彙整報告、晨間會報、拜訪客戶、電話聯絡、批示文件等，這些事項占據了你大部分的工作時間，也是導致你非常忙碌的主因。但這些事情未必能轉化成真正的業績，所以隨之而來的附加價值也極為有限，故落在個人工作微笑曲線的底部。

在個人工作微笑曲線的左端是計畫思考。過分衝動行事只會誤了大事，反之，終日渾渾噩噩，只等著時間一到就下班，同樣也不會有大成就。分段訂定自己的工作方針與

微笑曲線

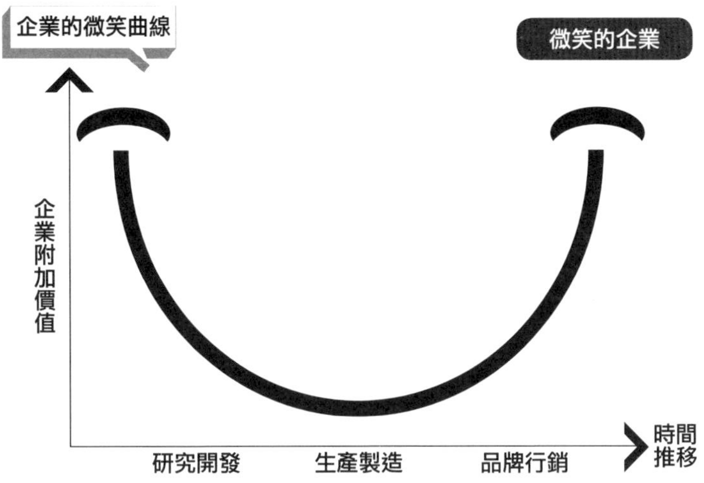
企業的微笑曲線
微笑的企業
企業附加價值
時間推移
研究開發
生產製造
品牌行銷

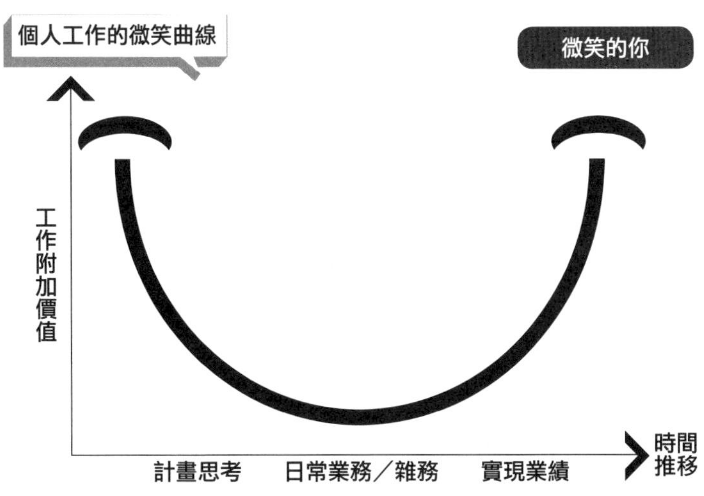
個人工作的微笑曲線
微笑的你
工作附加價值
時間推移
計畫思考
日常業務／雜務
實現業績

營業目標，仔細規畫工作日程，審慎思考工作策略，才可幫助你在第一步就走對方向，不至淪於徒勞無功，故計畫思考能夠為自己創造可觀的附加價值。

在個人工作微笑曲線的右端是實現業績。就算老闆再大方，還是會要求你交出實際業績，縱使你朝九晚五、按時上下班，沒有業績就無法向公司交差。在不同職場中，對業績的定義各不相同。工程師的業績來自於生產量，研發人員的業績來自於專利數，房仲業者的業績來自於成交金額，保險專員的業績來自於保單數，銀行理專的業績則來自於客戶的投資金額。

這些各類業績的實現，直接關係到公司營運的好壞，業績的高低與公司的獲利率成正比，故亦能帶來高額的附加價值。

深口型及廣口型微笑曲線

在瞭解個人的工作微笑曲線後，是否知道如何調整你的工作時間，讓自己能以較輕鬆的方式，獲得最大的工作附加價值呢？

為了說明調整時間的方式，我另外補充兩個不同型式的微笑曲線圖，供你做為參考：

微笑曲線

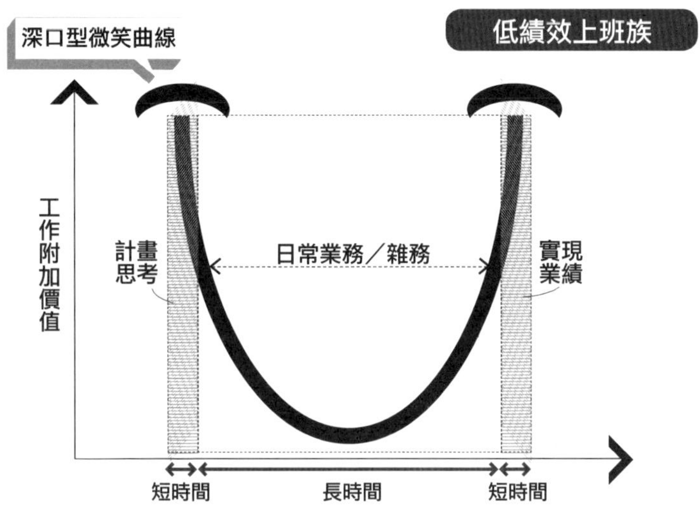
深口型微笑曲線
低績效上班族
工作附加價值
計畫思考
日常業務／雜務
實現業績
短時間
長時間
短時間

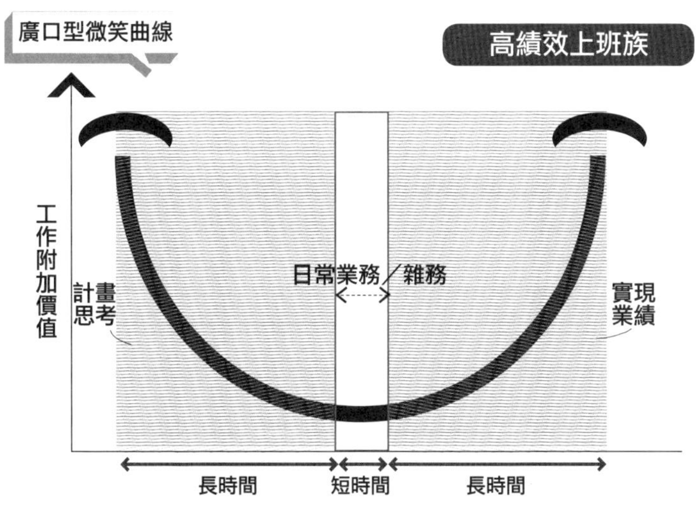
廣口型微笑曲線
高績效上班族
工作附加價值
計畫思考
日常業務／雜務
實現業績
長時間
短時間
長時間

◉深口型微笑曲線——

此類型的工作者將大部分時間耗用在日常事務上，以致無暇詳細計畫，也無暇仔細思考。由於僅將少量時間投注在可真正產生業績的工作上，故整體績效低落、表現不佳。

◉廣口型微笑曲線——

這類型的工作者將有限的時間，分配給微笑曲線左、右兩端的高附加價值區塊，也就是將大部分時間用於計畫思考及實現業績，僅留下少量時間迅速處理低附加價值的日常事務。雖然深口型工作者投注在工作上的時間與廣口型工作者相同，但後者卻能創造出數倍於前者的實質績效。

如果你不想當個工作至精疲力盡、績效卻乏善可陳的上班族，建議你想辦法調整自己的工作時間分配吧！請將處理日常事務的時間縮短，並盡量延長從事計畫思考及實現業績等高附加價值事項的時間。

計畫思考、日常業務與實現業績之間，最佳的時間分配比例建議是四〇％：二〇％：四〇％，如此應可創造出最大的工作附加價值。

如果你暫時無法達成這個比例，請無須心急，只要逐步改變，努力朝此目標邁進，假以時日必能看見成效，屆時老闆將會對你微笑，你自己更會開懷大笑！

9 〈重要與緊急的四象限圖〉——巴菲特的投資哲學

投資大亨只尋找績優股投資；工作大師只針對重點下工夫。兩者的共通點，就是決定投資或工作的優先次序。

巴菲特的投資哲學

華倫・巴菲特是美國華爾街的投資大亨，亦有股神之稱。在經濟嚴重蕭條的時代，成了苦難股民及破產公司的「救世主」。

他一開始向親友募集了十萬五千美元做為創業基金，以其獨到的精準投資眼光，迅速累積數百億美元的鉅額資產，其個人財富遠遠超越洛克斐勒、卡內基等工業巨擘。

巴菲特的投資哲學為廣大群眾所津津樂道，每年亦有數以萬計的粉絲爭相高價競標與他共進午餐的機會，全是為了親耳聽到大師傳授投資成功的祕訣。

巴菲特是一個棒球迷。超級打擊手泰德・威廉斯的打擊概念，為他的諸多投資策略帶來啟發。威廉斯強調在打擊時，關鍵不是要擊中投手投出的每個球，而是要打中容易得分的好球。任意出手，只會落入遭到三振出局的命運。

巴菲特徹底奉行威廉斯的理念，絕不輕易出手投資，一直耐心等待最佳時機出現。一旦機會降臨，則會全力以赴，出手快狠準。

他永遠選擇重點企業做為投資標的，而非散彈打鳥式的分散有限資源；也只選擇對他本身而言具有競爭優勢的企業，這個競爭優勢包括他對產業的理解程度，以及既往參與經營的經驗。巴菲特對於自己的競爭優勢圈以外的投資案不會動心，也不會予以建議。

巴菲特抓緊重要的投資項目，集中火力深耕與精耕的思維，非常值得大家參考。

重要與緊急的N字型法則

一位出版社的總編輯得知我每年撰寫好幾本著作，好奇地問我：「你都是在上班時間寫書嗎？」

「當然不是囉！」我微笑著說，「我平時要上課、教學生做實驗、帶學生做研究，還要開會、寫計畫、趕論文、交報告，怎麼可能在上班時間寫書？」

「那你哪來的時間寫書呢？」她不解地問。

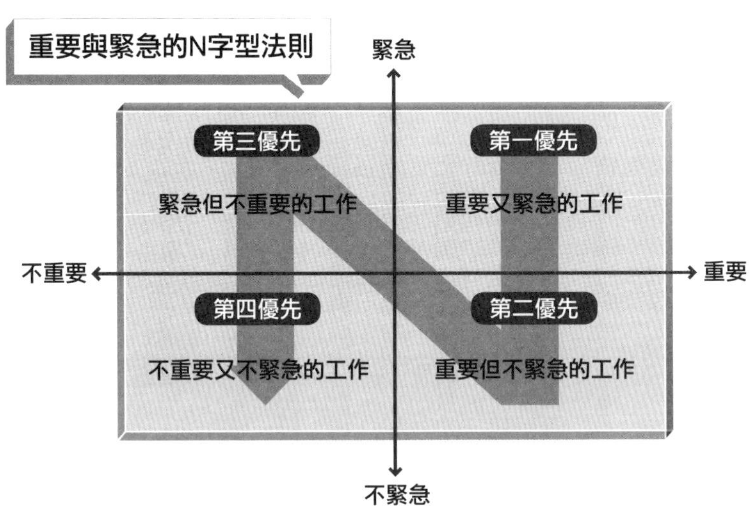

「做好時間管理啊！」我笑著回答。

那位總編輯請教我提升時間管理能力的技巧，我提出「重要與緊急的N字型法則」與她分享。

你可依工作的緊急度及重要性，將不同類型的工作區分為四大象限：

- **第一象限——重要又緊急的工作**
- **第二象限——緊急但不重要的工作**
- **第三象限——不重要又不緊急的工作**
- **第四象限——重要但不緊急的工作**

正確的工作優先順序應該是：

❶第一優先—重要又緊急的工作
❷第二優先—重要但不緊急的工作
❸第三優先—緊急但不重要的工作
❹第四優先—不重要又不緊急的工作

也就是先從第一象限的工作做起，再依序進行第四、二、三象限的事情，如此連結起來，就成為一個「N」字型，故稱為「N字型法則」。

重要與緊急的四象限圖

當你工作極度繁忙、又無法理出頭緒時，請利用「重要與緊急的四象限圖」，分別填入不同類型的工作，再標出優先次序，這個方法將會幫助你把原本混亂的生活變得井然有序，糾結的思緒也會變得豁然開朗。

在教授時間管理課程時，我很喜歡引領學員填寫這個四象限圖，可協助學員迅速分析自己的工作狀況，改變既有的工作順序。

如果你是部門主管的話，我也非常建議你請同仁填寫該圖表。因為根據同仁的填寫內容，你可以清楚判斷出同仁對本身工作的掌握程度，並確實瞭解同仁與你之間在工作認知上的差異。運用簡單的填表動作，即可協調部門同事的步調，並提高群體時間管理的能力。

明倫是一家公司的業務部主管，他平時的工作習慣是隨手在筆記本上記錄應做之事，先寫的先做，後登記的則後做。紛雜的工作，總是將他的有限時間切割得支離破碎。

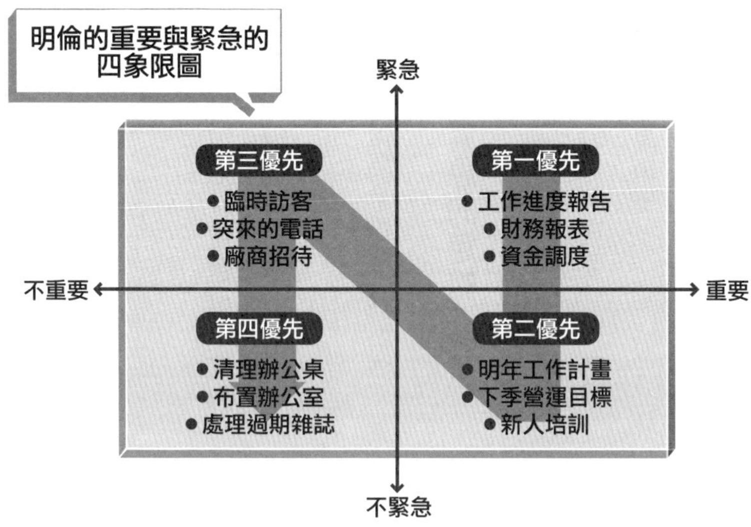

他的主要問題在於只是機械式地依照筆記本的登記順序工作，卻往往會為了小事而耗費許多時間，等到快下班時，才發現許多重要的大事均尚未著手進行。結果雖然他十分努力工作，卻未能交出良好的績效表現。

我建議他自行做個「重要與緊急的四象限圖」分析，重新規畫工作順序。分析結果如上圖。

明倫將工作事項分類填表後，赫然發現自己平時做了許多「緊急但不重要」的小事，而「重要但不緊急」的事卻遲遲未動手進行，難怪主管會不斷催促、緊迫盯人。

依「N字型法則」，第一優先進行的永遠是「重要又緊急」的事，例如先完成工作進度報告、財務報表、資金調度等大事。

第二優先則處理「重要但不立即產生影響」的事，例如明年工作計畫、下季營運目標、新人培訓等。

第三優先再處理「緊急但不重要」的小事，例如接待臨時訪客、突來的電話、廠商招待等。

最後再進行可做可不做的「不重要又不緊急」的事，例如清理辦公桌、布置辦公室、處理過期雜誌等。

明倫重新調整工作的優先順序後，發覺效率大為提高，現在除了能準時下班外，也有了更突出的工作績效表現。

重要與緊急的定義

在指導學員填寫「重要與緊急的四象限圖」時，我注意到一個有趣的現象：許多上班族似乎對於「重要」與「緊急」的定義感到混淆不清，無法準確地將工作事項分別填入四個象限中。

為了讓學員清楚明瞭重要與緊急的含義，我以下圖來說明：

緊急與重要程度的判斷

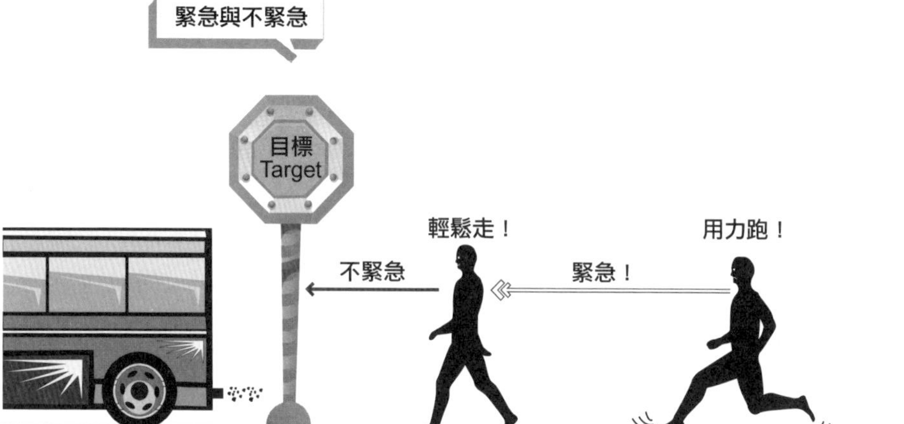

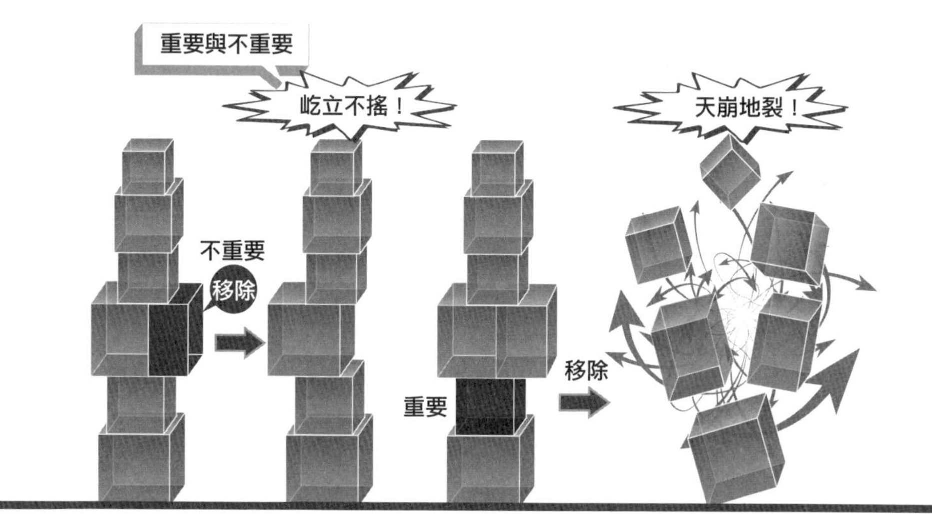

◉緊急與不緊急——

把工作的完成目標想像成是一支公車站牌，眼看著最後一位乘客已經上車，你要搭的公車隨時就要啟動離站。這時如果你距離站牌很近，輕鬆跑個兩三步就能趕上公車，自然覺得「不緊急」；但是，如果你距離站牌很遠，拚命跑還不知能否追上公車的話，當然會覺得「非常緊急」。

所以緊急的程度與你和目標物之間的距離有關。距離越近，越覺得輕鬆；距離越遠，越感覺緊急。

◉重要與不重要——

把不同階段或步驟的工作當成是堆積木，堆砌成你心中所想像的模樣，便是完成了工作。每一塊積木都是獨立的個體，形狀有大有小，位置也各不相同。

當移除某一塊積木後，整體架構若絲毫不受影響、屹立不搖時，那塊積木就相當於不重要的工作；當移除某塊積木後，整體架構若瞬間崩塌、徹底瓦解，那塊積木就相當於重要的工作。

所以重要與否應視影響全局的程度而定，而影響程度的大小則決定重要性的高低。

只要懂得善用重要與緊急的四象限圖，會幫助你如同巴菲特一般，選中正確的投資標的，獲得最大的投資效益。讓你在不景氣的時代，受到最小的傷害，獲得最大的利益。

10 同心圓的N字型法則——半導體業新人的四怕

公司由個人組成，個人是公司的最小「單位」，位在同心圓的核心。同心圓由內至外，每一成員步調必須一致。

半導體業新人的「四怕」

半導體業是台灣最主要的高科技產業。每年驪歌輕唱過後，數以千計的高階理工人才湧入各地的科學園區，共同為打造半導體王國而努力，並一圓個人的事業夢。

我的學生進入半導體公司任職後，回學校告訴我，半導體業的新進員工最怕四件事情。

第一是怕交接，唯恐半夜遇到緊急狀況時求助無門；第二是怕被review，在開會時被各級主管問得瞠目結舌、啞口無言是家常便飯；第三是怕吃飯，因為雖到了吃飯時間，卻不知可否擅自離開機台或辦公室去用餐；第四是怕下班，工作沒做完時，擔心要加班到很晚，就算工作做完了，也不敢下班，因為老闆還沒離開。

「那你什麼時候可以下班？」我問。

「大概要等到其他人都走光了，我才敢下班。」他滿臉無辜地說。

「你都幾點下班？」我再問。

「晚上十點左右。」

「為什麼這麼晚？」

「工作做不完啊！」

「你有用老師的『重要與緊急的四象限圖』排列工作的優先順序嗎？」

「有啊！」他點點頭，「但是，老闆不斷交辦其他臨時任務。他一交代額外的工作，就打亂我原本的計畫。我該如何解決這個問題呢？」學生苦惱地說。

我很想幫助他，「我教你一個方法。在主管交代工作後，要再追問一句話。」

「是哪句話？」

「請問他『這項工作何時要完成』。」

「為什麼呢？」

「因為確定截止日後，你就知道有多少時間可以完成主管交辦的工作。」

「如果覺得還是來不及做完的話，該怎麼辦？」

「那就請主管幫你決定手上工作的次序，問他何者必須優先完成。這樣的話，你就可以依主管的建議，調整原先的計畫，先幫主管完成他交辦的事項。」

他點了點頭。

「滿足老闆的要求很重要，」我補充了一句，「因為你的考績及年終獎金都操控在他手中喔！」

我的學生會心地一笑。

重要與緊急的四象限階梯圖

上一節介紹過「重要與緊急的四象限圖」後，在本節中，要進一步補充說明階梯圖，接著再闡釋同心圓的概念。

當自己分別衡量各類事務的輕重緩急，並在「重要及緊急的四象限圖」中填入各項工作後，可再針對同一象限內的數種事務，依照對工作成果的貢獻度排出優先順序，並羅列在不同階梯上，形成「重要及緊急的四象限階梯圖」。

以上一節明倫的四象限圖為例，在重要又緊急的第一象限中，他列出三件事情：工作進度報告、財務報表及資金調度。從公司營運的觀點來看，資金調度的貢獻度大於財

重要與緊急的四象限階梯圖

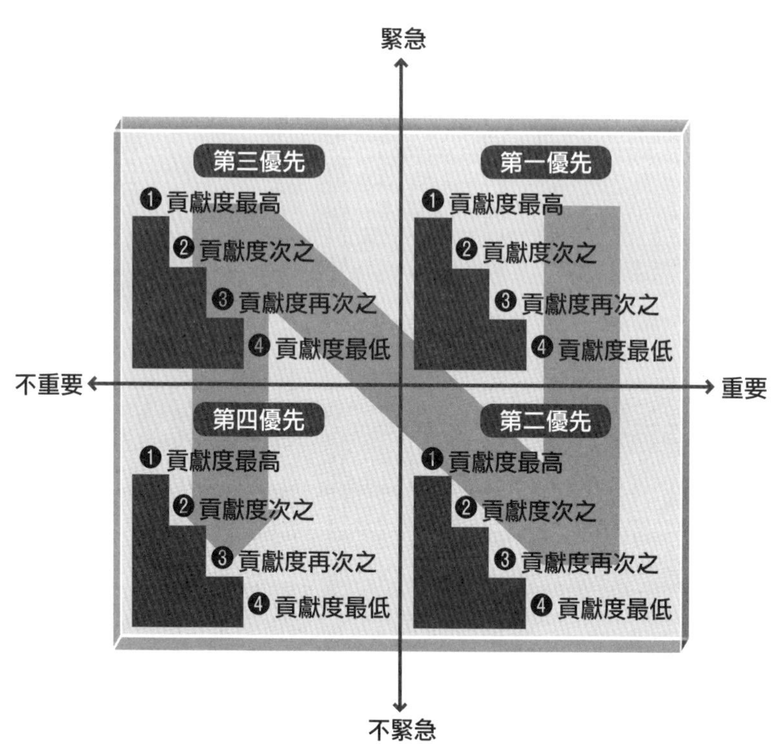

務報表的貢獻度，而財務報表的貢獻又大於工作進度報告的貢獻度，所以他應該先進行資金調度，再完成財務報表，最後才繳交工作進度報告。因此資金調度應列為第一階，財務報表為第二階，工作進度報告為第三階。

在明倫的第四象限中，有三件重要但不緊急的事：明年工作計畫、下季營運目標及新人培訓。公司目前人手充足，所以新人培訓並非當務之急。從公司的角度來看，這三件事情的貢獻度為：下季營運目標大於明年工作計畫，而明年工作計畫又大於新人培訓，所以應當先行著手規畫下季營運目標。因此下季營運目標應列為第一階，明年工作計畫為第二階，新人培訓為第三階。

階梯式羅列的優點是不用同時進行同一象限內的所有事務，而是按照階梯的高低，由上往下依序進行，可幫助自己井然有序地處理完各類事務。

同心圓的N字型法則

在一家公司中，有許多不同階層的主管，當各級主管交辦事務時，有時確實會干擾基層員工原有的工作計畫。

讓我們從公司組織的角度來思考這個問題。我畫了一個同心圓圖來說明公司的結構（請見第九十二頁附圖）。

一家公司中，個人是最基本的「單位」，由許多個人組成某一部門，再由眾多部門集合成一家公司。循此概念，個人是圖形的最內圈，往外擴大形成中圈的部門，最後再擴大形成最外圈的公司，如此即構成同心圓圖。

當個人檢視自己的工作狀況，將各項工作分別歸類至四大象限後，需依N字形法則，先進行第一象限重要又緊急的事情，最後才做第三象限不重要又不緊急的事，如此即構成同心圓最內圈的「小N字」。

若部門內的同事上下一心，對工作及任務看法一致，自然會秉持同樣的理念，按照與個人相同的重要與緊急的法則來考量，將諸多事務排列成一樣的優先順序，如此即構成同心圓中圈的「中N字」。

如果公司各部門均有相同的共識，齊心協力合作，個個皆明瞭公司的發展方向及必達成的目標，自然會根據與部門相同的重要與緊急的法則，規畫出眾多事務的優先次序，如此即構成同心圓最外圈的「大N字」。

同心圓的工作概念

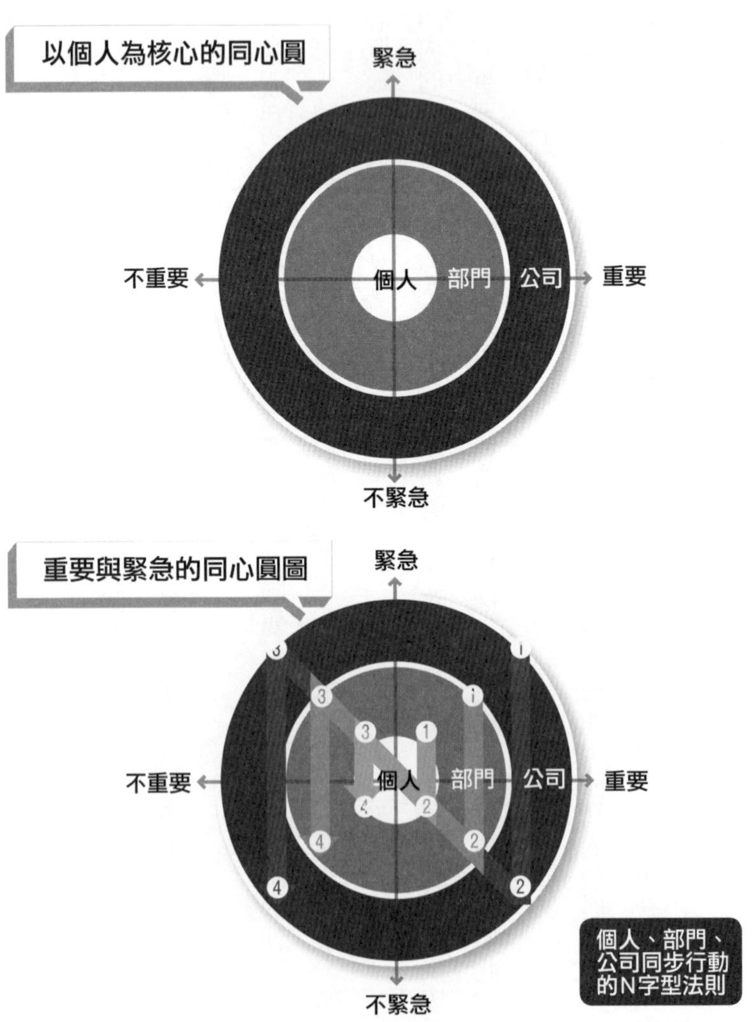
以個人為核心的同心圓
緊急
不重要
個人
部門
公司
重要
不緊急
重要與緊急的同心圓圖
緊急
不重要
個人
部門
公司
重要
不緊急
個人、部門、
公司同步行動
的N字型法則

當個人、部門、公司均依循N字型來安排工作時，便不至於發生優先順序有所衝突的問題。所以身為老闆或上司在交付任務前，應當先行瞭解該任務是屬於第幾象限，而非一味要求部屬必須於第一時間完成交辦的工作。一旦上司與部屬對工作優先次序的認知有所不同時，必須即早溝通協調，相互交流意見以達成共識，力求讓全體可採相同步調前進。

你可以參考我給予學生的建議，當主管交代工作時，請先詢問工作的截止日。若預估無法按時完成，請主動與主管溝通，調整優先順序後再予執行，為部門的整體績效貢獻心力。

「重要與緊急的四象限階梯圖」用途在於提高個人的工作效率；「同心圓的N字型法則」則是用來提升公司全體的工作戰力。

11 時間管理的四P與四C理念
——企管行銷的四P與四C

企業管理是管企業，時間管理是管時間。「四P」及「四C」的概念可用於管理企業，同樣可用於管理自己的時間。

業務專員的八〇／二〇法則

我在一場講習會中遇到一位在保險公司擔任業務專員的學員。他說自己是新人，所以積極地想有所表現。他亟需開發客戶，於是努力收集資料，列出一大張潛在客戶名單，每天「按表操課」，四處拜訪，竭盡所能地想將名單上的潛在客戶變成實質保單。想不到東奔西跑三、四個月，拜訪了許多客戶，業績卻乏善可陳，主管與他自己都極不滿意目前的狀況。

他說出困擾許久的問題後，我想了一下，「你努力的方向好像錯了耶！」

「真的嗎？」他有點驚訝。

「是啊！你的目標應該不是要拜訪完所有的客戶，而是要達成預定的業績。」

「對！那我該怎麼做呢？」

「你聽過八〇／二〇法則嗎？」

他搖搖頭。

「一般而言，八〇％的業績來自於二〇％的大客戶，其他二〇％的業績則來自於八〇％的小客戶，這就是八〇／二〇法則。」我為他說明。

「那我該如何調整？」

「建議你將客戶分類，把大部分的時間與資源投注在大客戶上，再將剩餘的時間與資源留給小客戶。一旦大客戶開發成功後，再回頭拜訪小客戶也不遲。」

我看著他說：「努力達成預設的業績，才是最重要的工作目標！」

那位學員點點頭，感謝我提供給他的建議。

企管行銷的四P概念

那位業務專員是商學院畢業，曾修習過企業管理的相關課程。

企業管理是一門複雜的學問。為了提高營業額及獲利率，行銷是企管中不可或缺的重要環節。

企管大師美國密西根大學的傑洛姆．麥卡錫教授，提出著名的「行銷四P概念」，用以強化企業的行銷能力：

●Product——產品。新產品真正上市前，須清楚瞭解該產品的功能，改善市場既有產品的缺點，提升產品整體性能，並賦予精良的設計與包裝。

●Price——價格。先分析生產成本，再比較競爭者的價格，考量市場接受度後，訂立目標價格，並安排折扣方案。

●Place——通路。思考產品的可能流通方式，分析各類通路的優缺點，設計可行的通路模式，架構完整的通路系統。

●Promotion——推廣。評估目前市場的環境與氣氛，選擇適當的推廣目標，透過媒體宣傳及舉辦活動，達成提升業績之目的。

時間管理的四P理念

瞭解行銷的四P概念後，接下來介紹我自行思考出的時間管理的四P理念：

1 Product —時間的產品

上班並非為了耗用一己之生命，更不是為了打發時間。在工作時，應思考某個時段所產出的「產品」為何？對達到預定目標的貢獻何在？沒有「產品」產出的時段，即屬於虛耗的時間。

2 Price —時間的價格

時間是無價之寶，不過對上班族而言，工作的時間是有價的，其價值高低反映在你的時薪之上。如果工作的貢獻度與時薪不成比例，就會淪於遭減薪或被炒魷魚的悲慘命運。瞭解自己的工作時間的價格，就會更加珍惜自己的時間。

3 Place —工作的場所

工作環境影響工作效率甚大，所以選擇舒適、不受打擾的環境，是提高工作效率的不二法門。如果可以，你不妨躲到無人的檔案室或會議室，專心進行手上的工作；或者關上辦公室大門，暫時謝絕訪客，讓自己專心振筆疾書；或者你可以提早上班，在同事到來之前，心無旁鶩的加速處理事務。

4 Promotion —效率的提升

產品的 promotion 是為了提升業績，時間的 promotion 則是為了提升效率。在業務

企業管理與時間管理的四P概念

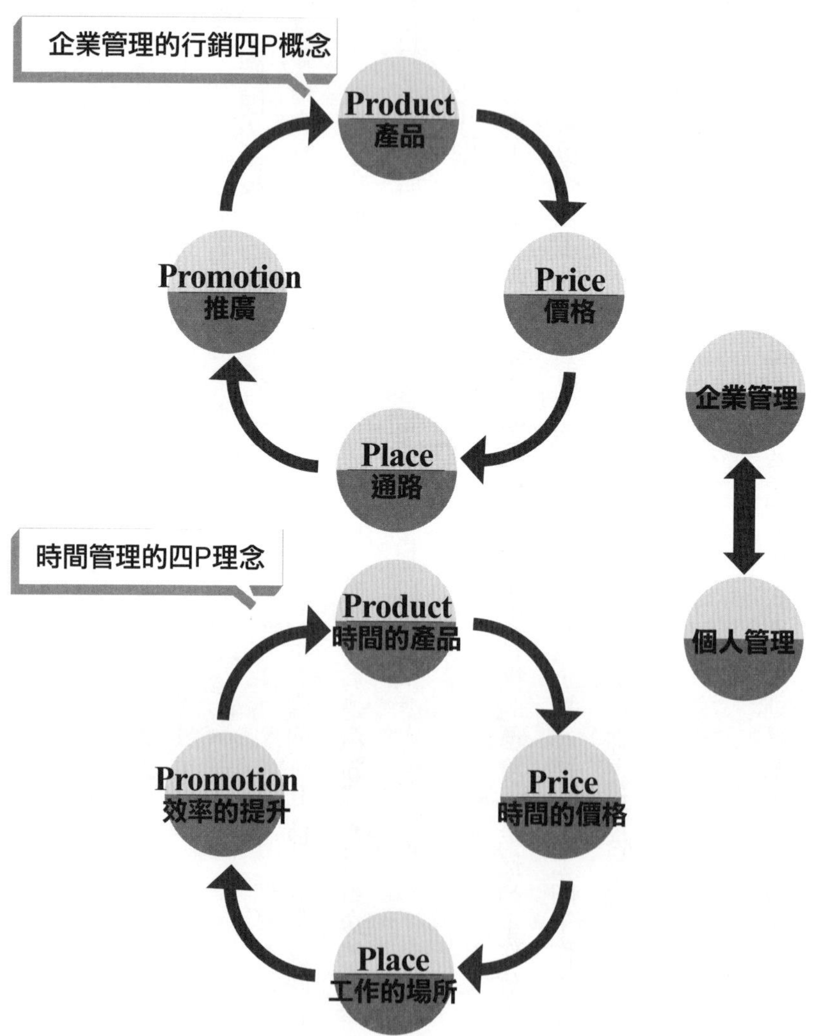

量暴增的單位，要完成工作，只有兩種方式：增加時間或是提高效率。想要縮短工作時間，又要準時下班，關鍵就在於提高效率。觀念的正確化、態度的積極化、管理的科學化，是提升時間利用效率的重要助力。

企管行銷的四C概念

美國企管專家羅伯特．勞特朋另外提出行銷的四C概念，與上述的四P概念相互呼應：

● Customer's need——顧客需求。推出產品的首要目的是滿足顧客的需求，而非展現設計者的創意。顧客的滿足程度越高，產品熱賣的機率就越大。

● Cost to customer——顧客成本。售價必須考量顧客可接受的價格，而非僅著眼於公司的獲利。合理的利潤才是永續經營的保證。

● Convenience——顧客便利。產品必須為使用者提供便利性，避免增加顧客的困擾，使顧客能夠迅速達到使用該產品之目的。

● Communication——顧客溝通。推廣產品的過程中，必須積極增加與顧客溝通的機會，減少不必要的誤解，以實際行動爭取客戶的信任。

時間管理的四C理念

如何運用企管行銷的四C概念來管理自己的時間呢？提出以下的想法供你參考：

1 Customer's need——顧客的即時需求

顧客的需求不能延遲回應，應盡可能予以迅速滿足。讓客戶滿足的速度，決定於你所耗費的時間長度。

2 Cost to customer——顧客的時間成本

產品上的標價是有形的價格，顧客需花費的時間則是無形的價格。將顧客等候採購、摸索學習、等待維修的時間盡量縮短，就等於降低顧客的時間成本。

3 Convenience——顧客的時間便利

我們要節省自己的時間，也應思考如何節省顧客的時間。能為客戶提供最大的便利性，節省更多的時間，無形中就提高了產品的附加價值。

4 Communication——顧客的即時溝通

要化解因資訊不足所產生的誤會，最佳的方式就是即時溝通。請謹記，讓顧客等待就是增加對方的無形成本，也容易導致誤會更形加深。

企業管理與時間管理的四C概念

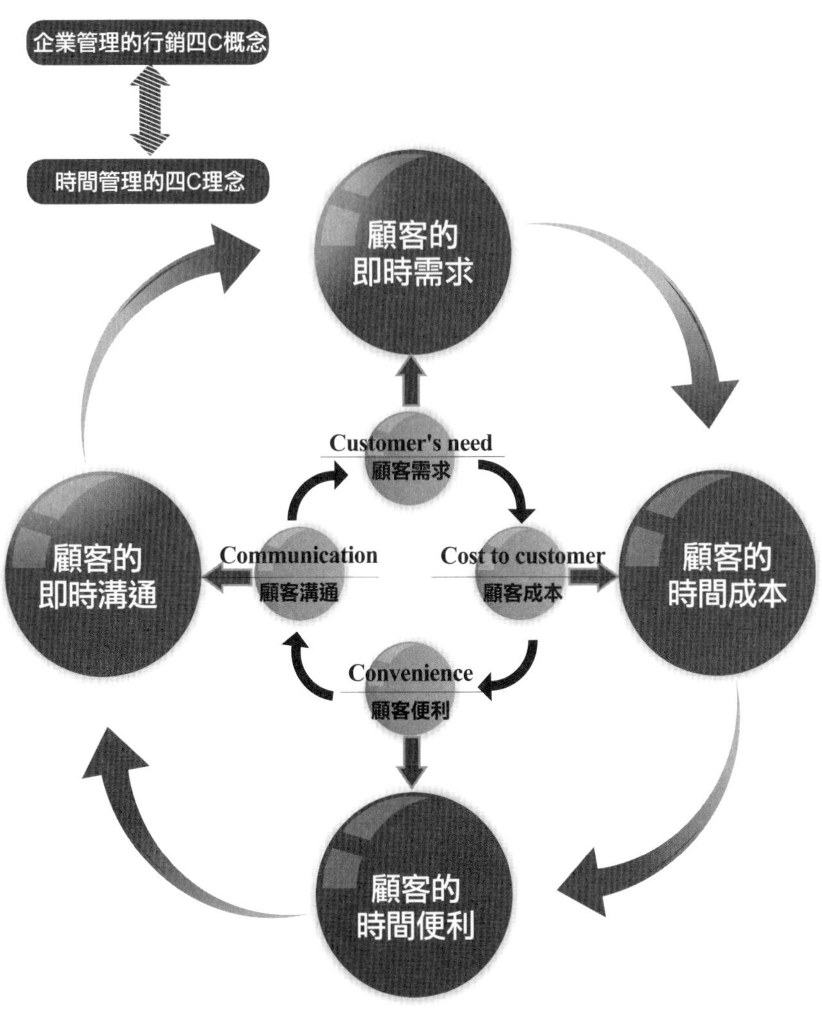

你可將同事及老闆視為廣義的「顧客」，在定時內滿足他們的需求，降低他們的時間成本，提升他們的時間便利性，與他們做即時的溝通，如此便可幫助自己在職場上無往不利。

善用時間管理的「四P理念」及「四C理念」，你將會是馳騁職場的成功達人！

12 〈時間管理的微分與積分法則——何飛鵬的快速工作祕訣

時間管理並不僅是需要運用加法及減法。數學的微分，可讓你確立分段工作目標；數學的積分，則可讓你累積零碎的時間。

何飛鵬執行長的工作祕訣

先來說個城邦集團何飛鵬執行長的故事。

他在就讀大學時，曾利用暑假到郵局打工，工作內容是負責分撿郵件。面對堆積如山的郵件，要迅速找到郵遞區號或地址，再按照不同區域加以分類，是一件非常勞心勞力的事。他剛開始極度適應不良，一度想放棄這份苦差事。

為了讓自己迅速適應，並排遣工作上的無聊，他想到一個方法——與自己競賽。以每三分鐘為一個單位，試試自己每個單位可以分撿多少郵件。一開始計算時，數量不多，成效不彰。後來他不斷研究整個流程，將各個步驟拆解成不同的動作，逐一改進後，再反覆測試與練習，結果他分撿郵件的速度竟然加快了數倍之多，和郵局最有經驗的老手不相上下，還獲得主管的肯定與獎勵。

這個寶貴的經驗，讓何飛鵬瞭解到應當研究工作的流程，並體認到分析各個獨立步驟是極為重要的。將一件繁複的工作拆解成不同的動作或步驟後，會讓事務變得簡化，也唯有做好每個環節的動作，才能提升工作效率。

時間管理的微分法則

許多人害怕數學。大學的微積分課程，對很多人來說甚至是噩夢一場。不過，你知道嗎？數學的微分與積分法則，對時間管理是頗為實用的概念。

微積分是誰發明的？這是一個爭議許久的問題。

英國科學家牛頓主張是他先發明的，而德國數學家萊布尼茲也宣稱是他先建立完整的計算架構，兩人的激烈爭執甚至還引發英德兩國的民族意識衝突。

對你我而言，微積分到底是誰發明的其實無關緊要，重要的是利用微分與積分的概念，可以幫助自己管好時間。

微分是以切割的概念去處理特定區域的問題，積分則是以累積的概念來求得問題的答案。

何飛鵬將分撿郵件的工作做進一步切割，以分析各個基礎動作的過程，就是微分的基本概念。

我在當兵的時候接受預官訓練，部隊規定要跑完五千公尺。在第一次測驗前，覺得自己絕對不可能跑到終點。

為了達到嚴格的訓練目標，我想到一個自我鼓勵的方法。

剛開始跑了五百公尺時，我告訴自己，「你很不錯，已經跑了十分之一！」再跑到一千公尺時，又告訴自己，「你很厲害喔！跑完了五分之一。」

又奮力跑到二千五百公尺時，再為自己加油，「太棒了，已經跑了二分之一，只剩下一半而已！」剩下最後一千公尺時，就自我打氣，「再撐一下吧！已經跑完五分之四，僅剩下五分之一囉！」

最後咬緊牙根，一口氣衝回終點，沒想到自己真的可以順利跑完五千公尺。

有了第一次的成功經驗後，我開始訓練自己加快跑步速度。我會留意自己跑了十分之一、五分之一、四分之一、二分之一等特定距離的時間。若前一段時間有所落後，便會在下一段加速，以彌補延遲的時間。運用此法將五千公尺的長距離切割成不同段落，

時間管理的微分法則

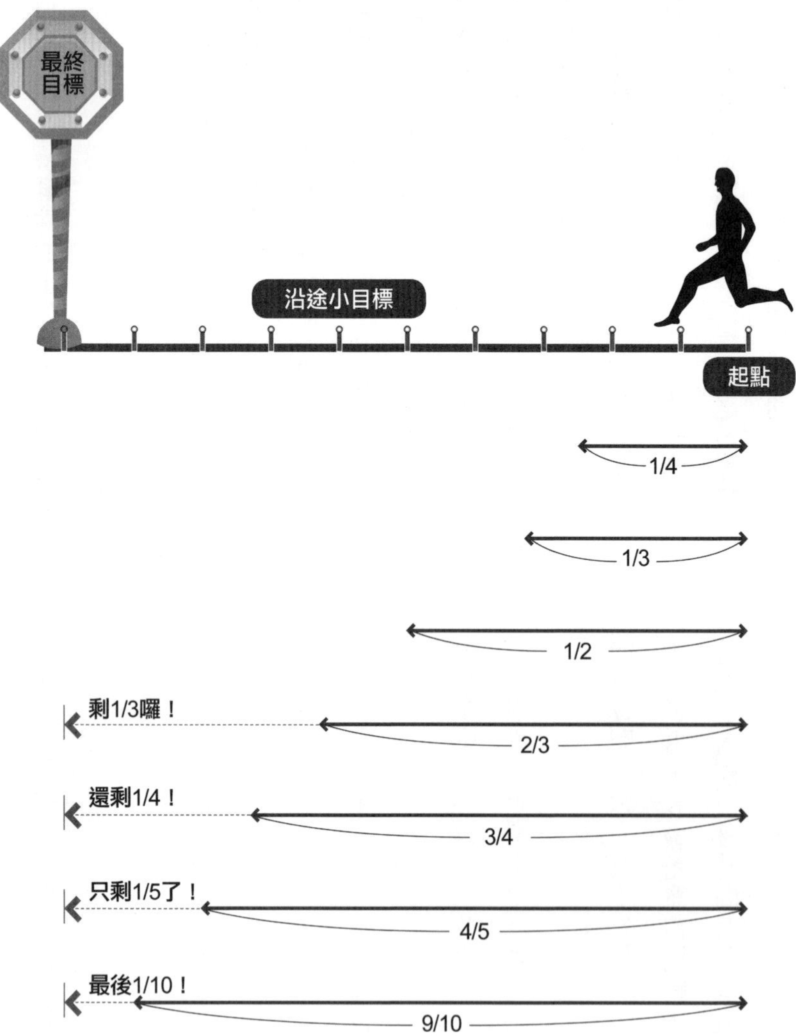

再分別檢驗各段落的狀況，枯燥的訓練因此變得有趣，並大幅提高自己的跑步成績。

從預官五千公尺跑步的訓練中，我領悟出一個重要的「微分法則」，對日後處理繁重又耗時的工作，帶來莫大的助益。

「微分法則」的概念如下：

1 將大工作切割成小工作

勿因工作複雜而畏縮，再大的工作都是由小工作集合而成。將大任務「微分」切割成小工作後，會使問題簡化，並增強自己完成任務的信心。

2 替各個小工作訂定目標

重大任務的目標並非一蹴可幾，但各個小工作的目標卻可逐步達成。替每個小工作訂定明確的目標後，一旦完成任何一個，就會獲得成就感及額外的動力，激勵自己再努力朝下一個目標前進。

3 計算完成各個目標所需的時間

先預估完成各個目標所需的時間，待真正執行時，再比較實際耗時與預估時間的差異。當進度落後，就必須改變方法或加快腳步，讓自己可以在限期內順利完成工作。

時間管理的積分法則

如左圖所示，我們可將上班時間區分為兩大類：完整時間及零碎時間。

一般人在完整時間區段中均會認真投入工作，卻容易忽略零碎時間的重要性，以為零碎時間無關緊要，但沒想到經過「積分」累積後，小時間也可以變成大時間。

零碎時間的無效累積是「空集合」，因為無法帶來任何效益。倘若能夠積極利用零碎時間，進行在完整時間區段中所不能完成的事，則可使零碎時間有效整合為「實集合」。

完整時間與零碎時間的概念和打棒球非常相似：完整時間是棒球場上的長打，零碎時間則是短打。

要幫助壘上球員順利奔回本壘得分，必須長短打巧妙並用。

在後面的章節裡，我將詳述利用零碎時間的技巧。

不論你認為是牛頓或萊布尼茲發明了微積分，運用「微分法則」及「積分法則」來管理時間，相信你會有意想不到的實質收穫！

時間管理的積分法則

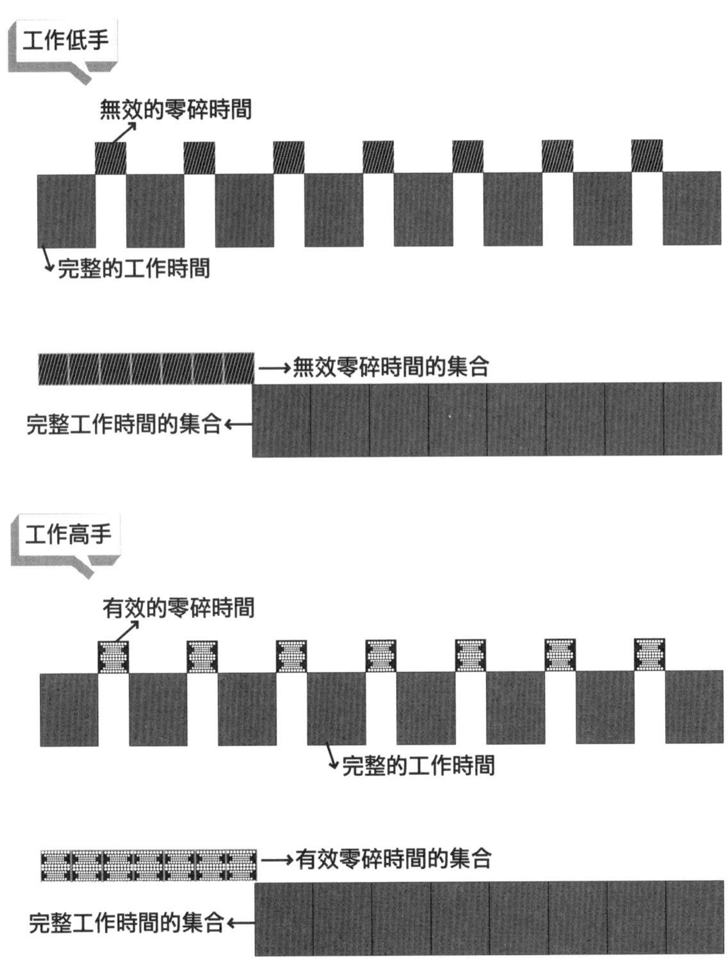
工作低手
無效的零碎時間
完整的工作時間
無效零碎時間的集合
完整工作時間的集合
工作高手
有效的零碎時間
完整的工作時間
有效零碎時間的集合
完整工作時間的集合

Check

時間管理策略
通關測驗

□請在讀完本章後，進行第一次的複習及自我評估。
□請在一個月後，進行第二次的回憶及自我評估。
□請在三個月後，進行第三次的檢討及自我評估。

□□□ 我會善用比爾蓋茲的成功三要素：設立明確目標、集中焦點攻擊、簡化工作內容。

□□□ 平時上班，會採用「三抓三放」的簡化工作原則：抓大事、放小事；抓正事、放雜事；抓要事、放閒事。

□□□ 明白與其培養許多株小樹，還不如專心栽植一棵大樹。大樹才有機會高聳入雲。

□□□ 上班要微笑，也要注意個人的微笑工作曲線。日常雜務應放在微笑曲線的底部，計畫思考與業績實現要擺在曲線的上部。

□□□ 勉勵自己當個「廣口型微笑曲線」的上班族，縮短做雜務的時間，盡可能將時間分配於計畫思考與業績實現上。

□□□ 我工作之前，會利用重要與緊急的N字型法則，安排各項事務的優先順序，先做重要又緊急的事。

□□□ 瞭解緊急與不緊急的定義，明辨重要與不重要的差別。前者決定於距離目標日的所剩時間，後者則決定於對整件事情的關鍵影響度。

□□□ 平時會將工作加以分類，分別填入重要與緊急的四象限圖，仔細區分各項工作的輕重緩急。

□□□ 對於同一象限的事，會再依其貢獻度做區分，務必從貢獻度最大者開始進行。

進行自我評估時，請依自己目前的狀況檢驗。若已達成，請打∨；偶爾能達成或尚無法達成，請空白。當每道測驗都填上∨時，即表示全數通關！

通關筆記

Review and

- □□□ 依同心圓法則，使個人的N字型原則與部門及公司的N字型原則完全吻合，從上至下都採用相同的工作優先順序。
- □□□ 請主管事先說明交辦事務中何者必須先完成，以及各項工作的截止期限，以便盡早排入自己的工作計畫。
- □□□ 會採用企業管理的四P管好自己的時間：要求時間的產品（product），思考時間的價格（price），注意工作的地點（place），講求效率的提升（promotion）。
- □□□ 會利用企業管理的四C加強與顧客的互動：盡速滿足顧客的需求，注意顧客的時間成本，考量顧客的時間便利性，積極與顧客即時溝通。
- □□□ 我會採用微分法則，將大事項切割成小目標；也會利用積分法則，將許多小時間累積成大時間。

第二章
提升工作效率

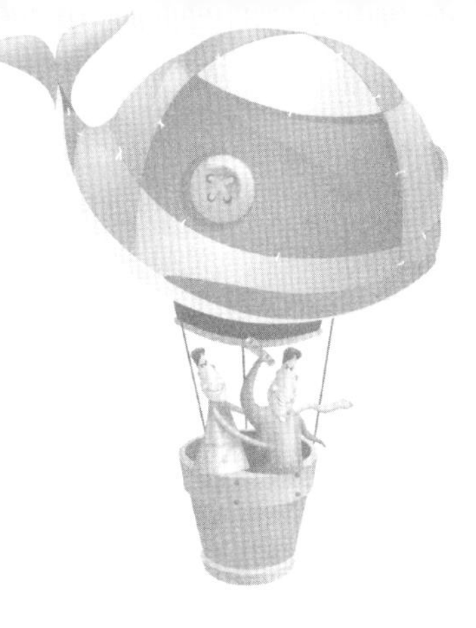

提升工作效率

- 工作效率與環境干擾度
- 高效率的工作日程表
- 提升工作效率的祕密武器
- 工作飛輪的四大動力
- 提升工作效率的「SMART」法則
- 職場達人的工作導電材

13 工作效率與環境干擾度——嚴長壽的提前一小時上班

或許我們無法改變上班的環境，但是可以選擇以不同方式因應環境。正確的因應之道，可讓自己愉快地置身於辦公室中。

嚴長壽的提前上班

你聽過嚴長壽的故事嗎？他是一位傳奇人物，也是眾人公認的成功楷模。

在聯考錄取率甚低的年代，他未能如願擠進大學窄門，只好在高中畢業後直接入伍，盡國民義務。中學時期曾因故多蹉跎了兩年光陰，所以退伍時，他已經二十三歲。要重考大學嗎？他想到即使考上大學、順利就讀，畢業時自己年紀已大，將不利於事業上的衝刺。要半工半讀嗎？又怕自己無法工作與學業兩頭兼顧。經過仔細思量後，他決定立刻投入職場，踏出事業的第一步。

因學歷不高，嚴長壽一開始遍尋不著合適的工作，只好進入美國運通公司，擔任傳達小弟。雖然這是一個最基層的職務，但他並未因此看輕自己或妄自菲薄，反而更加努力把握學習的機會。

他發現早上是每個辦公室最關鍵的時刻。大部分同事都是在規定上班時間的那一刻才匆忙現身，立刻就要著手處理昨夜的電報及早上的臨時事務，所以馬上陷入手忙腳亂的狀態。

嚴長壽注意到這個問題後，開始提早一小時進辦公室。他利用這一個小時規畫一整天的工作，思考當日事務的進行順序，安排應做事項的合適路線。因為他養成了先行詳加計畫並確實掌握狀況的習慣，所以能夠快速適應公司環境，有效提升工作效率，傑出的表現深獲同事讚賞。

沒有人因為嚴長壽只是個傳達小弟就輕視他，反而賦予他更重要的工作，讓他獲得更多的學習機會與磨練。結果他從一個傳達小弟，晉升為業務員、總務主管，最後成為亞都飯店的總裁。

嚴長壽比別人提早一小時上班，為自己打造了令人欽羨的成功事業。

上班族的工作效率

在一場以高階經理人為對象的研習課程中，我問上課的學員：「認為自己工作效率

L型工作模式

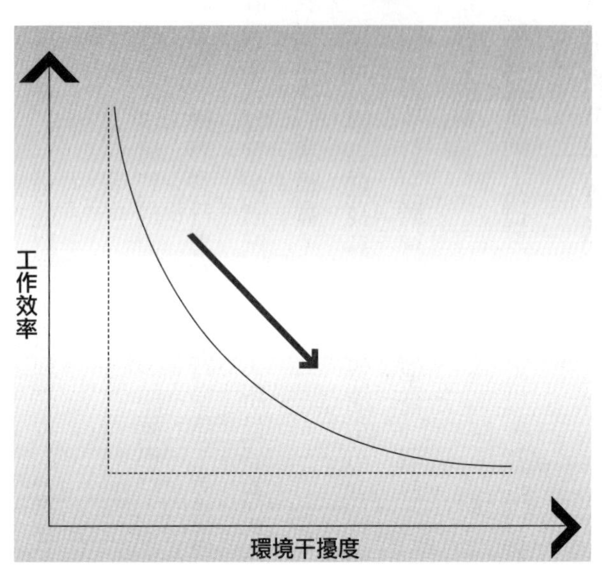

工作效率  $\frac{1}{\text{環境干擾度}}$

很高的人請舉手！」結果舉手的人不到四分之一。

再問：「認為自己工作效率不彰的人請舉手！」竟有超過半數的學員舉了手。

缺乏效率的人只有倚賴超時工作，才能完成相同的工作總量。

請參見上圖，工作效率與什麼因素有關呢？基本上，與環境的干擾度有關。當環境的干擾越嚴重時，工作效率越低；反之，當環境的干擾越輕微時，個人的工作效率就會大幅提升。

也就是說，工作效率與環境干擾度成反比。希望提高自己的工作效率，就必須努力降低環境的干擾，或者選擇在低環境干擾度的時段內工作。

環境的干擾從何而來呢？辦公室內此起彼落的電話鈴聲會讓人分心，同事間的交談討論會打斷手邊的工作，臨時的會議會延遲既定行程，突來的訪客會占用辦公時間，喧嘩的外界聲響會擾亂思緒。我們注意到這些干擾事項的存在後，就應該想辦法避免或因應這些干擾。

請將上班時間區分為不同的時段，再分別針對精神旺盛度及環境干擾度，給予不同數目的星星與叉叉符號。打分數的方法如下：

◉精神旺盛度星星數目

精神最旺盛的時段：四顆星（正四分）

精神不錯的時段：三顆星（正三分）

精神尚可的時段：兩顆星（正兩分）

精神最差的時段：一顆星（正一分）

◉環境干擾度叉叉數目

環境干擾最嚴重的時段：四個叉叉（負四分）

環境干擾嚴重的時段：三個叉叉（負三分）
環境干擾略少的時段：兩個叉叉（負兩分）
環境干擾最少的時段：一個叉叉（負一分）

上班族的一天

我以凱文的分析結果為例，說明他的上班狀況。他在一家貿易公司服務，一大早進辦公室後，就習慣先與同事聊聊昨天的八卦新聞，分析今天即將開盤的股市，天南地北聊了好一會兒，才開始做正事。八點至十點的干擾最少，為負一分。

十點後，常有臨時訪客上門討論業務，會打斷原本的工作，十點至十二點的干擾較多，為負兩分。午休過後，部門內經常召開臨時會議，直接影響預訂工作進度，一點至三點的環境干擾度大增，為負三分。三點至五點，客戶的詢問電話接連不斷，嚴重影響手上事務的進行，該時段的環境干擾度為負四分。

另一方面，以凱文的精神旺盛度而言，早上剛進辦公室的精神狀況最佳，然後逐漸遞減，至下班前已降至最低程度。將環境干擾度的分數加上精神旺盛度的分數，所得的總值就是工作效率度，其表述公式如下：

凱文的一天

狀況＼時間	上午		下午	
	8-10點	10-12點	1-3點	3-5點
環境干擾	同事聊天討論	臨時訪客	部門臨時會議	洽詢電話
環境干擾度	×	××	×××	××××
	-1	-2	-3	-4
精神旺盛度	☆☆☆☆	☆☆☆	☆☆	☆
	+4	+3	+2	+1
工作效率度	+3	+1	-1	-3

工作效率度＝環境干擾度＋精神旺盛度

如上圖所示，由分析結果得知，凱文一天從早到晚四個時段的工作效率，分別為正三分、正一分、負一分及負三分。如果暫時無法改變環境干擾因素，他只好因應環境的狀況，調整自己的工作順序。

因為他的工作效率度由早上至下午逐漸下降，所以應在早上一進辦公室後，立即處理最重要的事項，與同事的聊天寒暄應適可而止。在上午的第二個時段，應安排進行次重要的事務。下午的低效率時段，則可用來處理其他較不重要的零星事情。

由於凱文的工作很難於正常下班時間之前完成，於是他會習慣性加班，以處理手上未能完成的工作。下班時間後，空蕩蕩的辦公室雖然環境干擾度降至零，但是工作一整天下來，已是身心俱疲，精神旺盛度也下降趨近於零，所以即便超時加班，由於效率不彰，仍難以迅速完成工作。反之，如果凱文提早上班，又會如何呢？

如左頁「提早上班的一天」附圖所示，在一大早八點以前同事尚未現身前，辦公室內一片寂靜，故環境干擾度為零，此刻神清氣爽、頭腦清晰，精神旺盛度為正四分，所以加總之後的工作效率度達到最高值（正四分），是工作效率最高的時段。在下午三點至五點，環境干擾度最高，達負四分，而精神旺盛度降至一分，加總之後，工作效率度為負三分，是一天當中工作效率最差的時段。

由以上分析可知，與其效率不彰的加班工作，不如提前上班，在精神飽滿時快速完成工作，讓自己準時下班，輕鬆回家享受應有的休閒生活。

你可以利用第一百二十二頁所附的圖表，依自己一天的上班狀況，自我分析不同時段的環境干擾度及精神旺盛度，尋找工作效率度最高的時段。

嚴長壽的提早一小時上班，促使他工作效率倍增，最後甚至晉升為大飯店的總裁。你提早一小時上班，也會大大改變自己的人生！

提早上班的一天

狀況＼時間	上午		
	8點以前	8-10點	10-12點
環境干擾	無	少	多
環境干擾度		×	××
	0	-1	-2
精神旺盛度	☆☆☆☆	☆☆☆☆	☆☆☆
	+4	+4	+3
工作效率度	+4	+3	+1

最高效率時段

狀況＼時間	下午		
	1-3點	3-5點	一般下班時間後
環境干擾	非常多	極多	很少
環境干擾度	×××	××××	接近0
	-3	-4	
精神旺盛度	☆☆	☆	0
	+2	+1	
工作效率度	-1	-3	0

最低效率時段

自己一天的分析

時間 / 狀況	上午		
	8點以前	8-10點	10-12點
環境干擾			
環境干擾度			
精神旺盛度			
工作效率度			

時間 / 狀況	下午		
	1-3點	3-5點	一般下班時間後
環境干擾			
環境干擾度			
精神旺盛度			
工作效率度			

14 高效率的工作日程表
——上班時間的乾坤大挪移

填寫工作日誌的要訣並非填滿每一格，關鍵是要在正確的地方填入適當的事項。「乾坤大挪移」是武林中的頂尖功夫，也是提升上班族工作效率的絕妙招術。

副總的工作日誌

我的友人泰德是一位高科技公司的副總，位居要職的他，平時日理萬機，需與各個部門開會，商討重要議題。除了每週的定期會議外，部屬也會隨時敲門進入辦公室，希望進行臨時討論。除此之外，經常還有許多國內外的客戶前來拜訪，與他商議採購及訂單事宜。

他有一位祕書協助安排每天的工作日程，只見工作日誌本上，密密麻麻地登錄著許多不同的會議及面談。

泰德亟欲推動各項計畫，也期望能夠大幅提升公司的業績，但他始終覺得自己的時間被切割得四分五裂，無法井井有條、從容不迫地管理公司，縱然每天下班時總是累得

副總的工作日程表

泰德的一週日程表

時間	週一	週二	週三	週四	週五
8:30				臨時討論	
9		臨時討論	會議		臨時討論
10	會議			接見客戶	
11		接見客戶			會議
12–13	午休	午休	午休	午休	午休
13	接見客戶		臨時討論	會議	
14	臨時討論	會議			接見客戶
15			接見客戶	臨時討論	
15:30		臨時討論			
16	臨時討論				臨時討論
16:30			臨時討論		

精疲力竭，但工作依然效率不彰。

他翻開某一週的工作日程讓我參考，只見他的祕書將各部門要開的會議雜亂無章地分散在每一天不同的時間。每當有客戶要求拜訪時，祕書基本上都會順應客戶的意思來安排會面的時間。如果同事臨時有要事想與他討論，祕書也任意安插在日程表上的空白時間。

因此，泰德的上班時間便被會議、訪客及討論切割得支離破碎。

我看了他的工作日誌後說：「你的祕書十分負責啊！將你的工作日程列得很清楚，不過……」

「不過什麼呢？」泰德好奇地問。

「你的祕書好像只負責記錄時間，卻

沒有幫你規畫時間啊！」

「這是什麼意思呢？」

「一位優秀的祕書並非只要負責將老闆工作日誌上的空格填滿，而是應該思考什麼格子應填入什麼事項，這樣才能節省老闆的時間，並讓他的工作效率發揮到極致。」

「你說得確實沒錯！」他同意地點點頭。

高效率的工作日程表

「那我該怎麼做呢？」泰德接著問。

「建議你用『乾坤大挪移』的方法，挪動調整工作日程。」我說。

「那不是張無忌的絕世武功嗎？」

「是的，沒錯！」我笑著說。

我大幅挪動泰德的工作表後，他看了大吃一驚，「怎麼會變得如此有次序？」

「我只不過將你的開會時間固定在每天下午一點至二點，會見客戶時間是下午二點至三點，而其他的臨時討論全部安排在三點至四點罷了！」

「這樣的話，我就有完整的時間區塊，可以專心工作及思考了！」泰德高興地說。

時間區塊的概念

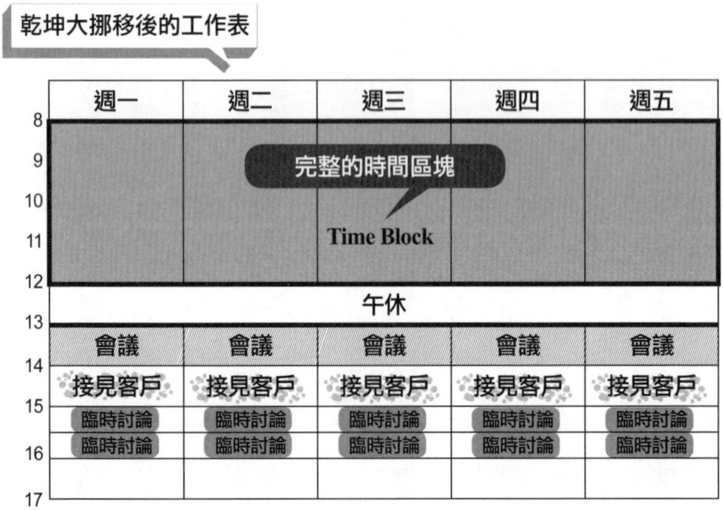

乾坤大挪移後的工作表

時間	週一	週二	週三	週四	週五
8–12	完整的時間區塊 Time Block				
12–13	午休				
13–14	會議	會議	會議	會議	會議
14–15	接見客戶	接見客戶	接見客戶	接見客戶	接見客戶
15–16	臨時討論	臨時討論	臨時討論	臨時討論	臨時討論
	臨時討論	臨時討論	臨時討論	臨時討論	臨時討論
16–17					

時間的乾坤大挪移術

我們來思考一下「乾坤大挪移」的基本概念：

1 安排特定時間區塊進行例行事務

例如將各部門的每週工作會報均安排在下午同一時段，如此一來，報告者及與會者都不會輕易忘記時間，也不會因為開會而干擾到屬於自己的完整時間。

2 主動調整客戶到訪或臨時討論的時間

可設定下午某一固定時段接見訪客。

如果訪客不方便於某日前來，就請他另擇他日的同一時段再來造訪，才不至於因客戶的突然到訪而干擾原本的工作。

如有同事臨時提出討論的要求，若非

刻不容緩的急事，則可安排在特定時段與同事商談。

3 盡量騰出完整的時間區塊

只要妥善將例行事務或臨時訪談排入特定時段，自己擁有的完整時間區塊就會顯著變大，我將這些時間區塊稱為「完整時間區塊」（Time block）。完整時間區塊越多、越大的人，工作效率也會越高。

或許我們尚未位居高職，沒有祕書幫忙安排工作日程，但仍應盡可能積極爭取安排工作日程的主動權，盡量將例行事務安排在同一時段內進行，以努力放大自己的完整時間區塊。當你發現工作日誌上的完整時間區塊越來越大、越來越多時，自己的工作效率也會在無形中大幅提高。

張無忌的絕世武功「乾坤大挪移」讓他稱霸武林，也可助你在職場上快速往前奔馳！

15 提升工作效率的祕密武器——澳洲國家公園的螢火蟲

提升工作效率的最佳武器，並非掌握在別人手裡，其實它就在你自己的手腕上。手錶是最便宜的時間管理工具。

澳洲的美麗螢火蟲

澳洲黃金海岸的國家公園裡，在瀑布旁有一座天然洞穴，可以觀賞到成千上萬的「螢火蟲」，在黑夜裡散發出美麗而神祕的藍綠光，猶如夜空中閃耀著點點繁星的銀河。

其實這些不是真正的螢火蟲，而是一種類似螢火蟲般會發光的南光蟲（glow worm）。在幼蟲時期，牠們的身形狀似蚯蚓，會吐出數條細絲，將身體懸吊在岩石上，在夜間尾部會發出螢光，藉以吸引昆蟲接近，再利用具有黏性的絲線捕捉食物。待長成成蟲後，牠們就會揮舞翅膀，撞上幼蟲吐出的絲線，將自己的身體奉獻給下一代，成為幼蟲成長的養分。

這是南光蟲令人感動的一生。

有時想想，那些幼蟲吐出的細絲好比是牽絆著你我生活的工作。工作的絲線維繫著自己的生活，但也同時牽制了自己的行動。

在個人生活與上班工作之間，必須想辦法取得適當的平衡。

保險人員的煩惱

有一次講授時間管理的課程後，一個學員前來問我問題。

他說自己在一家保險公司任職，公司為了激勵同仁爭取保單，每個月都會列表公布個人業績。但是每次成績公布後，他總是垂頭喪氣、鬱鬱寡歡，因為始終無法名列前茅，也拿不到公司發出的獎勵金。

「我的業績老是不見起色耶！」他愁眉苦臉地說。

「你有積極拜訪客戶嗎？」我問。

「有啊！」

「你有詳列客戶名單嗎？」

「有啊！」

「你有做拜訪時間的規畫嗎？」

「有啊！不過……」他欲言又止。

「不過什麼呢？」我續問。

「與客戶聊得起勁時，經常會忘了時間，所以與下一位客戶的約會經常遲到。」

「你為什麼要與客戶聊很久呢？」

「因為要增進與客戶的感情，並拉攏關係啊！」

我想了一會兒，又問：「你平常有戴錶的習慣嗎？」

他搖搖頭，「沒有，我都是用手機看時間。」

「你不看錶的話，又如何能掌握時間呢？」

「可是，在客戶面前看錶，不是很失禮嗎？」他有點不太認同。

「話雖如此，可是，」我笑著學他的口氣，「如果你耽擱了第一位客戶的寶貴時間，又讓第二位客戶焦急等待的話，不就更失禮，並讓對方留下不好的印象嗎？」

他以同意的表情問我：「那我該怎麼做？」

「戴上一只錶，再去見客戶。先徵詢客戶有多少時間可以與你晤談。準時抵達，準時離開，不要耽誤任何一位客戶的寶貴時間。」

我微笑著補充說明：「時間是客戶的無形資產，守護並珍惜客戶的資產，你才可能獲得保單。」

他終於露出了笑容。

時間管理的盲點

我們來分析一下這位學員在時間管理上的盲點何在：

◉為了與前一位客戶聊天，耽擱了後續行程——

與客戶聊天固然是拉進彼此關係的方式之一，但是過於冗長的聊天容易導致失焦離題，反而達不到拜訪的原始目的，且因此延誤後續行程，更讓下一位客戶留下不良的第一印象。

◉用手機看時間，卻不習慣戴錶——

手機確實有顯示時間的功能，但有許多場合其實不方便拿出手機，如此便無法知道確切時間。長期依賴手機，卻不習慣戴錶的人，會失去對時間的敏銳度。

◉不方便在客戶面前看錶——

在客戶面前高舉手腕看錶，確實是失禮的行為。但是你可以技巧性將手腕放在桌下，略為瞥看手錶，或是趁客戶轉頭、閱讀文件、暫時離席的片刻看錶，即可得知現在時刻。不知道時間，就無法調整會談進度。

◉約定會談開始時間，但未設定結束時間——

未設定結束時間，就無法有效控制會談的進行。如果耗費許多時間在寒暄及鋪陳，等進入主題後，卻因時間緊迫而草草結束，即失去了會談的意義。所以在會談前，應先徵詢客戶有多少時間可供晤談，才是明智之舉。

鐘錶的重要意義

如果你想妥善管理自己的時間，提高工作效率，請重視鐘與錶的存在。如第一百三十四頁附圖所示，鐘錶有三個重要的意義：

❶顯示現在時間——鐘錶如同衛星定位導航系統（GPS）一般，需先標定現在的地理位置，才能判斷後續正確的行進方向。知道現在的時間，才可依此調整工作進度。

❷瞭解失去時間——以當下時刻為基準點，估算現在與上一個行程或上一件工作的相距時間，以瞭解自己在消失的時光內，究竟完成了多少工作，或是浪費了多少時間。

❸計算剩餘時間——再以當下時刻為基準點，估算由現在至下一個行程或下一件事務的所剩可用時間。唯有確實掌握剩餘時間，才能積極有效地進行應做之事。

如何利用鐘錶來提升自己的工作效率呢？以下提供幾點建議：

1 隨時戴上手錶

一只準時的錶是個人的最佳工作祕書，它可以告訴你現在的時刻，供你計算出從現在到過去與未來的時間。手機並非絕對不能使用，但請當成手錶的備用即可。由錶上得知現在的時間，會督促自己不想工作的心。

2 在辦公室內掛時鐘

你可以在辦公室的合適角落掛上時鐘，方便自己的視線越過訪客的肩膀，即可巧妙得知時間的變化。適時結束會談，是為自己與訪客節省時間的明智抉擇。適當地改變工作方式和技巧，亦有助於加快自己的工作速度。

3 在辦公桌上放時鐘

時鐘會督促自己加快工作，也告訴自己何時應去開會，何時應做適當休息。工作與休息時間的合理分配，是提高工作效率的關鍵。

時間的GPS系統

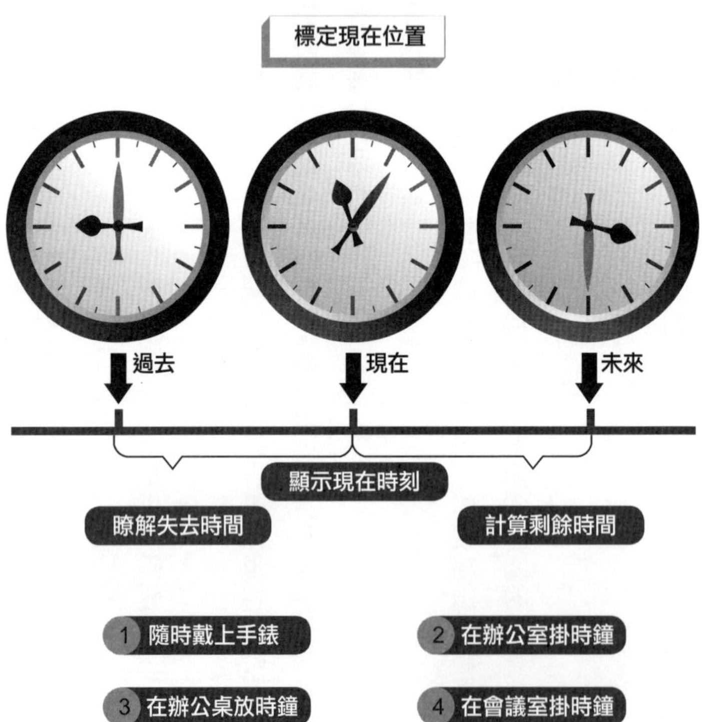

1 隨時戴上手錶

2 在辦公室掛時鐘

3 在辦公桌放時鐘

4 在會議室掛時鐘

4 在會議室裡掛時鐘

在此處掛時鐘的用意在於提醒同仁，除了要準時出席，也請準時離席。上班的主要目的不是開會，過多的會議只會消耗同仁的士氣，占用實際執行業務的時間。唯有盡早開完會，才有時間去做該做的事。

一位科技公司的總經理問我，要如何讓部屬有效提升原有的工作效率。我笑著告訴他，最簡單又最便宜的方法就是：要求人人手上戴一只錶，並在每個辦公室及會議室內掛上時鐘，即可產生明顯的改善成效。鐘錶的價值不僅存在於時針與分針的轉動之間，更在於督促及激勵自己努力工作的心。

螢火蟲的一生雖然短暫，卻能綻放出讓人永生難忘的綺麗光芒；一時一刻雖然短暫，只要把握當下，上班族也可以擁有豐富美麗的一生。

16 工作飛輪的四大動力——王建民的隧道視野

能由「A」變成「A^{+}」，才可出人頭地。不以「A^{+}」為目標的人，極可能連「A^{-}」也得不到。

王建民的伸卡魔球

王建民是台灣之光，投球技術超越群倫，尤其是他的伸卡球絕技，可說是神出鬼沒、所向無敵，在美國大聯盟掀起一陣旋風。

他投出的球看似直球，但在即將進入本壘板前，卻會向右打者的內角、左打者的外角拐彎下沉，往往讓打擊者捉摸不著而揮棒落空，慘遭三振出局。

在體育界中，棒球被稱為「最有挫折感」的運動，因為即使再頂尖的選手，打擊率也不過三成而已，這意味著每一百次上場打擊，就有七十次得面臨失敗，黯然下場。

為了培養最優秀的投手及打擊手，「隧道視野」的訓練是重要的關鍵課程。選手必須養成習慣，即使面對數萬觀眾的歡呼聲及鼓譟聲，也要全神貫注緊盯著直徑僅七公分的小白球，完全摒除外界干擾，只專心注意棒球的移動軌跡。如同在漆黑的隧道中，正視唯一白色光點的移動，針對光點，在第一時間做出最正確的反應。

王建民等優秀投手與打擊率超高的強打選手，都是超越「A」的「A+」級頂尖選手。

從A進步至A+

從A晉升至A+是許多上班族共同的心願。在工作上不僅力求達到「A」的表現，更會要求自己奮力獲得「A+」績效的人，才是頂尖的工作高手。

史丹佛大學企管研究所的柯林斯教授在撰寫《從A到A+》這本暢銷書前，與研究團隊一共耗費了一萬五千個小時，深入探討美國長春型企業的成功祕訣。在即將完書之際，他突然有了一個奇怪的想法：別人要付多少錢，才能讓自己打消出書的念頭？

最後他得到的結論是：就算別人出再高的天價，他也不願放棄出版這本書，因為這是他累積六年心血的智慧結晶。

柯林斯的努力與堅持，終於也讓這本著作獲得「A+」級的優異評價。

要得到「A」不容易，但是冀望獲得「A+」更困難。如何在眾多高手中脫穎而出，是值得深入思考的問題。

飛輪的概念

《從A到A^+》這本書提到一個飛輪的概念，與個人的工作效率息息相關。

飛輪是一種圓形的金屬盤，架在輪軸之上。一開始運動時，因盤身具有相當重量，使得飛輪無法迅速快轉起來，僅能緩慢地轉動。

當你再施加一些力氣，飛輪便會開始迅速轉動。其實這時你耗費的力量與第一圈差不多，但是飛輪卻會越轉越快。

你每轉一圈，就是為下一圈累積旋轉動能。當動能的相乘效果發揮到極致時，即使你不再施力，飛輪也會自動快速旋轉，這是因為慣性使得飛輪可以不停轉動。

個人的工作狀況，也如同推動飛輪一般。

開始做一件事情時，可能覺得困難重重，總是無法稱心如意，即使用盡力氣推動「工作飛輪」，也僅能讓飛輪緩慢轉動，故容易喪失對工作的熱情。

此刻若能暫時忍耐苦痛與辛勞，不輕言放棄，再繼續投入力氣轉動「工作飛輪」，即可讓飛輪轉速加快，達到事半功倍的效果。

當你投注的力量累積到一定程度，「工作飛輪」的旋轉慣性足以克服地心引力時，即使不予施力，飛輪亦會自動旋轉不止，這就達到了工作效率發揮至淋漓盡致的境界。

飛輪式的工作效率

《易經》所述「天行健，君子以自強不息」，其實與工作飛輪的旋轉不止有異曲同工之妙。

該句話出自《易經》中的〈乾卦〉，原文為「天行健，君子以自強不息；地勢坤，君子以厚德載物」。意指宇宙的運行剛強勁健，君子應奮發圖強；大地的氣勢厚美磅礴，君子應增厚美德，容載萬物。

自強不息的君子，正如同不停旋轉的飛輪一般。

推動飛輪的不同階段，亦可用以代表工作效率高低的各個狀況。讓我們以推移飛輪的過程，來模擬及解釋提升工作效率的四大動力：

1 踏出第一步

徒有再好的構想與計畫，如果不實際執行，也僅是紙上談兵，工作效率等於零。推動飛輪的第一圈最費勁，也最辛苦，但是沒有費力的第一圈，就不會有後續的無數圈。坐而言不如起而行，請勿拖延等待，應果決地踏出第一步。

2 不輕易放棄

雖然飛輪在旋轉初期，僅能緩慢轉動，無法充分反映出自己的努力程度，不過此時一旦輕易放棄或退縮的話，之前的辛苦付出將會前功盡棄。所有的工作都必須經歷一定的學習曲線，才能達到游刃有餘的境界，切莫因初期的效率低落而灰心喪志。

3 努力持續付出

飛輪開始旋轉後，如果施加的後勁不足，仍會減緩速度，甚至停止轉動。要讓飛輪旋轉不止，就必須不斷投注心力，持續付出。當施加的力量越小、飛輪卻越轉越快時，即意味著自己的工作效率已大為提高。

4 等待成果豐收

當飛輪累積足夠的動能後，即使不施加外力，它也會持續快速運轉，達到最高效率的境界，此刻即是坐收成果的時候。過去的辛勞與努力將化為甘美的果實。

推動「工作飛輪」的「力氣」包括知識、智慧與勇氣。前兩者來自學校教育及生活經驗，最後一項則來自於完成工作的企圖心與堅定信念。

三種「力氣」兼備，可讓你由「A」躍升至「A+」，成為頂尖的工作高手！

快速旋轉的工作飛輪

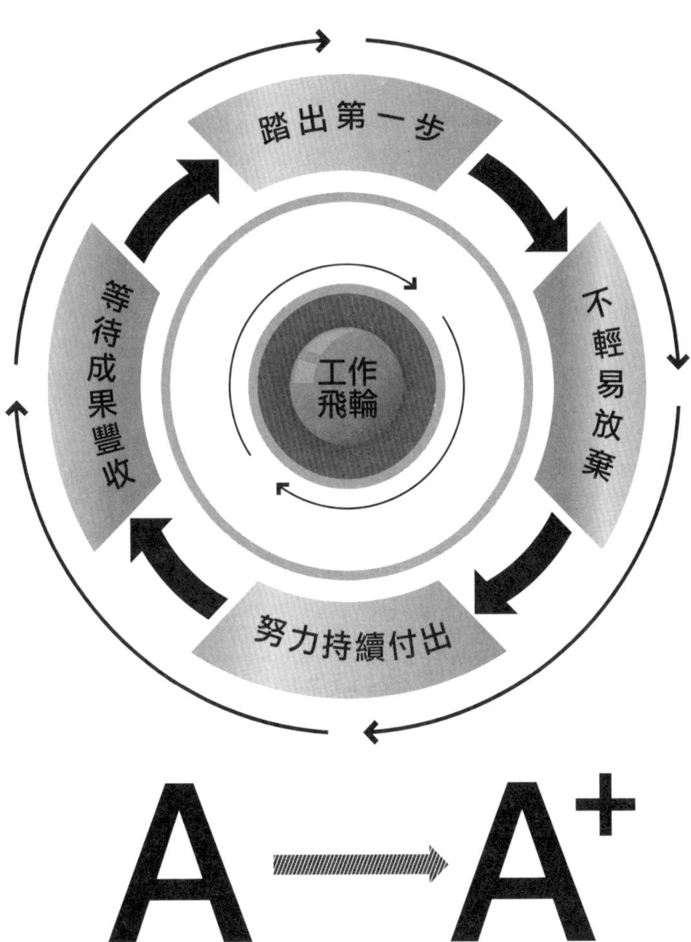

A → A+

17 提升工作效率的「SMART」法則
——希臘神話的普羅米修斯

愛迪生說過一句話：「智者的時間因思想而延長，而愚人的時間因感情而延長。」智者利用智慧爭取時間；非智者用情緒耗用時間。

普羅米修斯的火種

希臘神話裡，有一位名叫普羅米修斯的神祇，祂與弟弟艾巴米修斯合力塑造了人類與動物，並賦予生物各種不同的能力。艾巴米修斯將力量、速度、靈敏、機警等天賦賜給各種動物後，竟然沒有留下任何適合送給人類的其他天賦。在不得已的情況下，普羅米修斯只好偷偷溜到太陽神阿波羅的馬車裡點燃了一把火，再將火種送到人間。

人類因為有了火，獲得了溫暖與光明，但仍不懂火的正確使用方法。普羅米修斯深知天神宙斯一旦發現自己的竊火行為，必定勃然大怒，並會收回火種，讓人間再度落入無邊的黑暗。祂為了爭取時間，便以最快的速度教導人類如何點火、如何用火、如何維持火種等技巧，讓人類可以永遠將火留在地面。

後來宙斯果真發現了普羅米修斯的竊火行為，但為時已晚，無法向人類收回火種，因為人類已經完全學會產生火種及用火的技術。普羅米修斯的積極作為，深深造福了所有人類。

工作完成總量的公式

上班族常因工作堆積如山而怨聲載道。為了解決上班族的煩惱，我來介紹一個「工作完成總量」的簡單公式：

工作完成總量＝工作效率×工作總時間

公司營業規模擴大、經營項目增加或是人手不足時，加諸在每位員工身上的負擔將大幅加重，這意味著你必須完成的工作總量也隨之增加。

工作完成總量等於什麼呢？如以上公式所示，它等於工作效率乘以工作總時間。

應付激增工作的方式有二：一是延長工作總時間，二是提高工作效率。

前者是以超時工作來提高工作完成總量，後者則以智慧與技巧來完成驟增的工作。

如果你不想加班，也不願假日到公司上班，唯一的對策就是努力提升自己的工作效率。

提升工作效率的「SMART」法則

如何提高自己的工作效率呢？請參考下述的「SMART」五字訣法則。

上班族的求生之道不是「辛勤工作」，而是要「聰明工作」！聰明工作比辛勤工作更省力、更省事，也更省時間。

提升工作效率的「SMART」五字訣法則介紹如下：

1 S（Simple）——工作簡單化

工作越複雜，越易耗費額外的時間。應力求讓工作簡單化，盡量從事自己專精的事務。對於與原本工作內容差異過大的事項，或非自己專長的領域，應盡可能請其他同事代為執行，將大部分時間投注在自己最擅長的項目上，以提高工作效率。

2 M（Main）——工作重點化

依八〇／二〇法則，八〇％的績效，來自於二〇％的工作，所以這關鍵的二〇％就是工作重點。應將最佳的時段及最充足的資源投資於重點項目上，以獲取最大的利基。

3 A（Action）——工作行動化

對於重點工作項目，不能拖延，亦不能逃避，應懷抱最大的熱情勇於面對，以實際行動取代紙上談兵。工作態度積極化後，效率自然迅速提升。

4 R（Rapid）——工作速度化

要評估工作表現，一是看工作成果的優劣，二是看耗費時間的多寡。能用最短的時間完成應做之事，即可達到最大的速度，並獲得最高的評價。在工作中隨時留意速度，有助於提高自己的效率。

5 T（Timing）——工作時機化

不同的時段、不同的場合、不同的切入點，所產生的工作效率截然不同。一個優秀的工作者應該懂得妥善區分各類事務，並按照工作內容及性質，選擇適當的時間、場合及機會，著手處理各類要務，即可迅速完成工作並提升效率。

To do list 與 To be list

在「SMART」五字訣的思考架構外，我們還需要另外兩個表單——「To do list」與「To be list」，讓自己的工作可順利執行。

1 「To do list」——要做的事

請將待辦事項及欲辦事項列在同一張清單上。利用「SMART」五字訣中的S—

「簡單化原則」歸納及分類性質相近的工作；以M——「重點化原則」選出重要的二〇%的工作；以A——「行動化原則」決定必須立刻進行之事；以R——「速度化原則」設定預期完成時間；以T——「時機化原則」調整工作優先順序。

依照「SMART」五字訣法則，將原本看似流水帳的「To do list」重新排列組合後，即可區分出事情的輕重緩急，並依此安排處理事務的適當程序。

2 「To be list」——想成為的人

成功學大師史蒂芬·柯維提到在「第四代時間管理」中，除了「To do list」外，更需要另一張表單——「To be list」，用以確知自己想成為什麼樣的人。

「To do list」是處理日常事務的工作清單，而「To be list」則是決定自我目標的人生清單。

人人都有自己的理想，也有尚未實現的夢想。請將你個人的理想及夢想寫在「To be list」上，同時附註希望達成目標的時間。

唯有思考清楚想成為什麼樣的人，並列出「To be list」後，你的「To do list」才具有實質意義。

工作效率高手的「SMART」圖

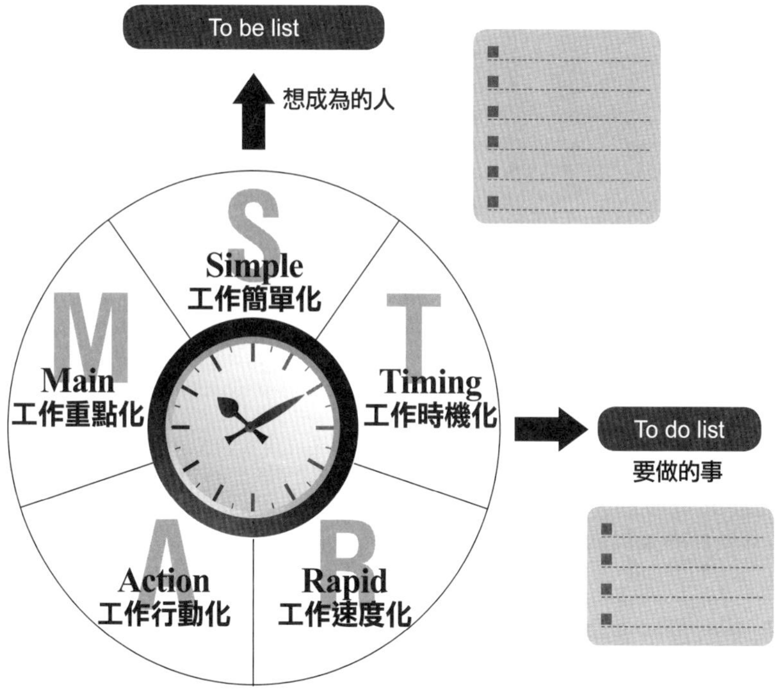

To do list → To be list

Approach　　Goal

當你分別列出兩個表單後，每完成一件事情，請槓除「To do list」的一個事項；每達成一個自我目標，請在「To be list」上勾選一個期許目標。

當發現自己要做的事越來越少、已達成的自我目標越來越多時，即代表越來越接近成功的人生。

「To be list」猶如普羅米修斯帶到人間的火種，是人生奮鬥的核心動力；「To do list」則好比是祂教給人類的用火方法，是達成目標的必要程序。

有了火種及用火的方法，才有燦爛的人生等著我們。

18 職場達人的工作導電材
——Google張成秀的時間競賽

採用「最短路徑」，是最節省時間的方法。選對路徑的人，會比先起跑的人更快抵達終點。

張成秀的追逐時間

張成秀是Google的前台港業務總經理。幼時家境優渥富裕，但因家中突遭一連串變故，以致未能享有歡樂的童年。她的父親曾擔任玩具工會第一屆的理事長，後來卻因經商失敗而被迫宣布破產，不但因此鋃鐺入獄，而且終日抑鬱寡歡，最後以自殺結束了自己寶貴的生命。

家庭經濟頓陷愁城，她的母親一肩扛起家計重擔，為人洗碗、洗衣、掃廁所。張成秀也到電子工廠當電焊女工賺取學費，以減輕家裡的負擔。

但張成秀並未因生活困頓而放棄求學之路，反而更加勤奮好學，小學五年級就立定未來志向，後來順利考上北一女，再進入台大外文系就讀，並獲得留學獎學金，前往美國史丹佛大學取得MBA學位。

學成歸國後，張成秀也竭盡所能地在職場上打拚，嚴格要求自己，也努力與時間賽跑。從辦公室走到洗手間的路上，她同時要完成六件事情：一、去倒杯水；二、發傳真公告文案；三、與同事討論；四、將新聞稿交給公關部門；五、到倉庫取貨；六、去櫃台轉送快遞。除了完成這六件事，她還必須規畫最短的路徑，以最快的速度達成。

為了提醒自己不忘記第二天的重要議程，她甚至還會在半夜打電話到辦公室，對著自己的答錄機留言，只為做好萬全的準備。

因為她一直抱持著奮鬥不懈的精神與精準掌握時間的態度，才能從女工逐步晉升為跨國大企業的總經理。

電流的最短路徑

張成秀在自傳中提到了「最短路徑」的想法，讓我聯想起複合材料裡「最短導電路徑」的概念。

在絕緣材料的兩側接上電源時，電流無法順利通過。如果在絕緣材料中添加少量導電物質，使之成為複合材料，則電流略通。當所添加的導電物質可相互連結時，電子會尋找最短的路徑，穿越障礙抵達材料另一側，此時電流可暢行無阻。

類似的想法可套用於職場上。我將職場上的電流稱為「工作電流」，將職場環境視為一個絕緣物質。

職場上存在著許多阻力，讓你的工作窒礙難行，效率大幅下降，因此「工作電流」無法暢通，例如業務種類繁多、工作內容複雜、行政業務龐大、突發狀況頻傳等。這些阻力使自己陷入工作不順的窘境。

一旦適當地加入部分「工作導電材」後，職場環境的「電阻值」會相對下降，使部分「工作電流」可以導通，工作效率有所改善，故部分工作可順利進行。

當添加「工作導電材」至一定程度後，構成了相互連結的通路，讓「工作電流」可循此通道，走最短的捷徑抵達目標的另一側，此時「工作電流」完全暢通，效率大幅提升，工作可順遂執行。

工作導電材

由上述說明你可以瞭解，「工作導電材」對工作效率的提升可產生直接的貢獻。要想成為職場達人，「工作導電材」是不可或缺的致勝關鍵。

電流的最短路徑

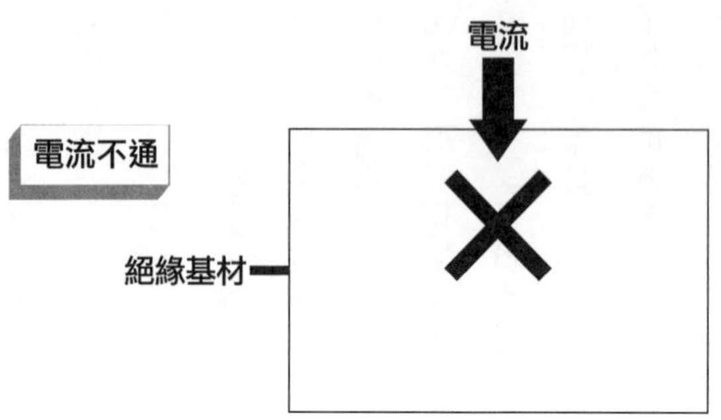

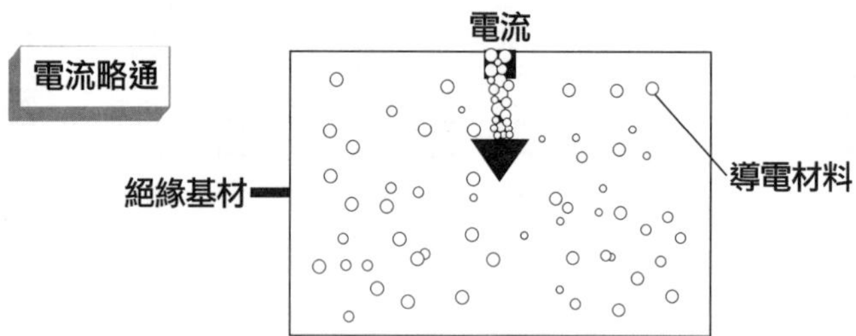

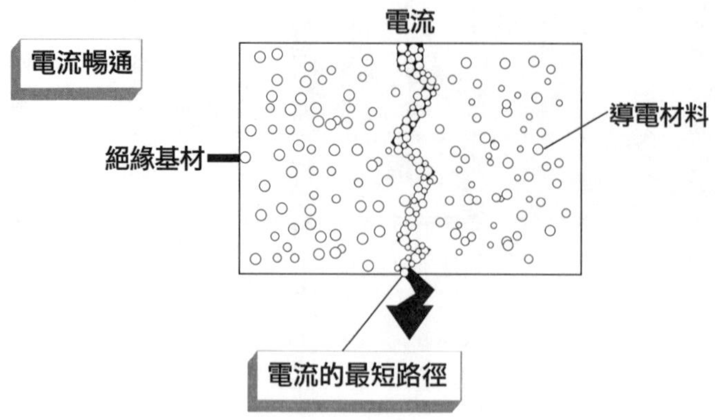

我們應積極運用以下三種「工作導電材」，減少工作阻力，並提高自己的「工作電流」：

1 本身的計畫

計畫是為了確定目標，讓自己明白應如何施加「工作電壓」，以及何處能產生「工作電流」。可先設定每月的目標，再逐漸擴展至每季目標及年度目標，從近程目標安排至遠程目標，循序規畫所欲達成之事項。上班族如能設定明確的工作目標，就不會成為終日渾渾噩噩、不知所為何事的打卡族，也比較容易在工作上建立起自信心及獲得成就感。

2 內部的請教及學習

職場老手多半見多識廣，經過大風大浪的洗禮後，練就出一身好本領，即使面對窒礙難行的事務，亦可有條不紊地順利處理。職場新手應從旁觀察職場老手的因應之道，從中揣摩工作的處置技巧，並適時向資深同事請教工作重點及注意事項。獲得職場前輩提供的一些寶貴建議後，應立刻抄錄於筆記本中，做為日後工作的參考。多向優秀的同事學習，可幫助自己避免犯下不小心的錯誤、落入不必要的失敗，有效提升工作效率。

工作電流的最短路徑

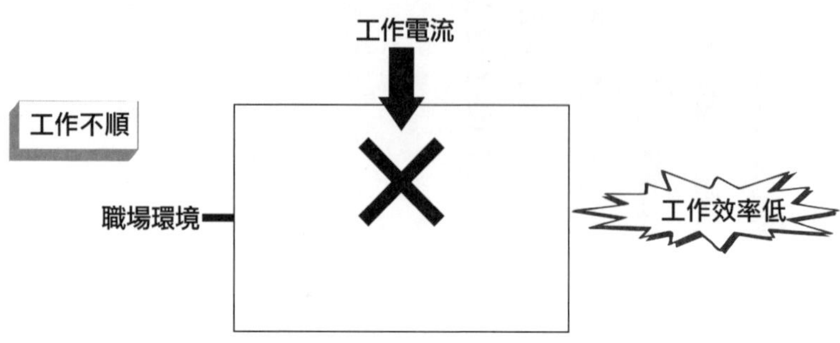
工作電流
工作不順
職場環境
工作效率低

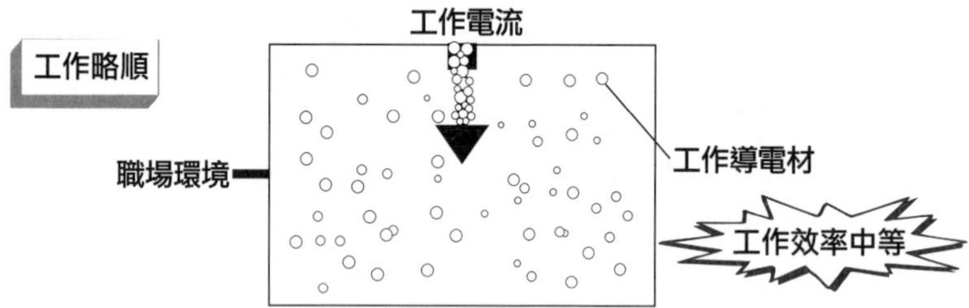
工作電流
工作略順
職場環境
工作導電材
工作效率中等

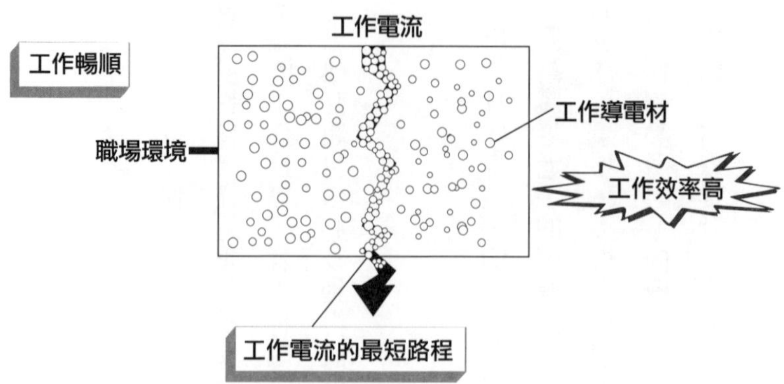
工作電流
工作暢順
職場環境
工作導電材
工作效率高
工作電流的最短路程

3 外部的協調與爭取資源

一項工作往往需要公司內部與外部同時配合，才能順利執行。先綜合研判任務的所有執行程序，再找出最需與公司外部協調商談的關鍵步驟，提前主動聯絡相關公司或單位，洽談合作的可能性，以尋求最大資源的協助。

剛進入職場的新手最常發生的錯誤是在公司內部埋首苦幹，等到驚覺需要外部協助及資源時，才慌慌張張地緊急四處求救，最後發現求助無門，造成多日的努力心血功虧一簣。事前周詳的思考及安排，是提高工作效率的重要環節。

本身的計畫、內部的學習及外部的協助，皆可成為你的「工作導電材」。善用這三種導電材料來提高自己的工作效率，你將會成為卓越的職場達人！

提升工作效率
通關測驗

Check

□請在讀完本章後，進行第一次的複習及自我評估。
□請在一個月後，進行第二次的回憶及自我評估。
□請在三個月後，進行第三次的檢討及自我評估。

□□□ 會要求自己比規定時間早一點上班。明白早一小時到公司比晚一小時下班更有效率。

□□□ 會分析一天上班時間的干擾狀況及自己的精神旺盛度，積極利用精神最好且干擾最少的時段。

□□□ 每天上班前，會先安排自己一天的工作計畫，利用「乾坤大挪移」的方法，讓自己擁有最大的完整時間區塊。

□□□ 明白工作日程的安排，並非只是將工作日誌上的空格填滿，而是要將同類的繁瑣事務安排於同一時段，以便留給自己最多的時間去思考及辦公。

□□□ 我會多爭取主動安排時間的權利，盡量避免因訪客或會議而將自己的時間切割得支離破碎。

□□□ 上班時間內，一定記得戴一只錶。錶是最便宜的時間管理工具。

□□□ 在辦公室合適的牆面及辦公桌掛上或擺上一個鐘，鐘能提醒自己時間的流逝。

□□□ 期許自己由「A」升級至「A+」，相信轉動飛輪的概念，只要持續累積動能，飛輪即會快速奔馳。

進行自我評估時，請依自己目前的狀況檢驗。

若已達成，請打∨；偶爾能達成或尚無法達成，請空白。當每道測驗都填上∨時，即表示全數通關！

通關筆記

Review and

□□□ 以「天行健、君子以自強不息」來勉勵自己，唯有不斷付出努力與時間，才會獲得豐碩的成果。

□□□ 我列出自己的「To be list」，期勉自己前進。

□□□ 實踐提高工作效率的四個步驟：踏出第一步、不要輕易放棄、努力持續付出、等待成果的豐收。

□□□ 依八〇／二〇法則，將最佳的時間及最寶貴的資源投資在重要項目上，以獲得最大的利基。

□□□ 我會採用「SMART」法則，使工作簡單化（Simple）、重點化（Main）、行動化（Action）、速度化（Rapid）、時機化（Timing）。

□□□ 善用工作的導電材，明確訂立計畫，向高手請教，爭取外部資源，以有效提高自己的工作效率。

第四章
控管上班時間

控管上班時間

- 控管時間的「CSDA」原則
- 管理時間的「辦公室三幫手」
- 減少開會的「四制」概念
- 正向應對會議的四大法則
- 縮短開會時間的方法

19 控管時間的「CSDA」原則——侯文詠的怪盜大床

富蘭克林說：「你熱愛生命嗎？那麼請別浪費時間，因為時間是組成生命的材料。」熱愛生命的人必定熱愛組成生命的材料。

希臘神話的怪盜

希臘神話中，有個名叫普洛克拉斯提茲的怪盜，他會將路人誘騙至家中，將其綁在一張鐵床上，然後竭盡所能加以折磨。如果被害者的身長超過鐵床的長度，他就將超出床緣的部分鋸掉；若是身長比鐵床短，他就殘忍地將被害者拉長。

侯文詠成為暢銷作家，又獲得醫學博士學位後，於醫院任職的那段緊張生活中，他感覺自己猶如也躺在怪盜特製的鐵床上。不論從文學著作或醫學研究的角度來看，有時感覺自己太高，為了將就鐵床的尺寸，必須勉強蜷曲身體；有時又覺得自己太矮，必須吃力地拉長身高。為了面對不同的場合，適應忽而變大、忽而變小的環境，他始終擺脫不掉彆扭委屈的感受。

最後，侯文詠決定走自己選擇的路，成為一位全職作家，成功逃離怪盜的鐵床，掙脫了心靈的桎梏。

很多時候，我們好像也躺在時間怪盜的鐵床上，有時覺得自己的身長過長，有時又感覺太短。過長的身軀，會因侷促而產生壓力；過短的身長，又會覺得徒然浪費了床上剩餘的空間。

時間的控管必須鬆緊合宜。過緊時，自己會被緊湊的行程追著跑，找不到稍事休息的空檔；過鬆時，容易讓自己淪於遊手好閒、無所事事的狀態。

蘇東坡曾寫過一首詩，描述自己靜坐閱讀的愉悅生活：「無事此靜坐，一日為二日，若活七十年，便是百四十。」

某人平日嗜睡，一睡就是日上三竿。友人嘲笑他的懶散生活，將蘇東坡的詩詞改寫為：「無事此靜臥，臥起日將午，若活七十年，只算三十五。」

過於悠閒的生活容易讓人喪失鬥志，也會浪費寶貴的光陰。

緊迫時間的壓力

一般人對於緊迫時間的承受度，就如同彈簧一般。當施予一定的外力，彈簧會隨之伸長；將外力移除後，彈簧會縮回原來的長度。然而，倘若施加的外力超過彈簧的可承受程度，彈簧就會變形，一旦變形了，即永遠無法恢復原狀。

工作上亦是如此。適當的時間壓力可以激發正向的工作助力；然而，過度的時間壓力卻會衍生負向的工作阻力。

鬆緊得宜的時間管理，是一門高深的工作藝術。

一般而言，時間壓力與距離截止日期的時間成反比。距離截止日期的時間越長，越能從容不迫地進行欲完成之工作，不至感覺時間緊迫，也就大幅消弭了時間帶來的壓力。距離截止日期的時間越短，越會感到緊張焦慮，終日憂心忡忡，擔心能否來得及完成工作，於是時間帶來的壓力倍增。

「CSDA」原則

該如何適應並降低時間壓力呢？我根據多年來的工作經驗，畫出一張圖做為解說，並提出控管時間的「CSDA」原則供你參考：

控管時間的「CSDA」原則

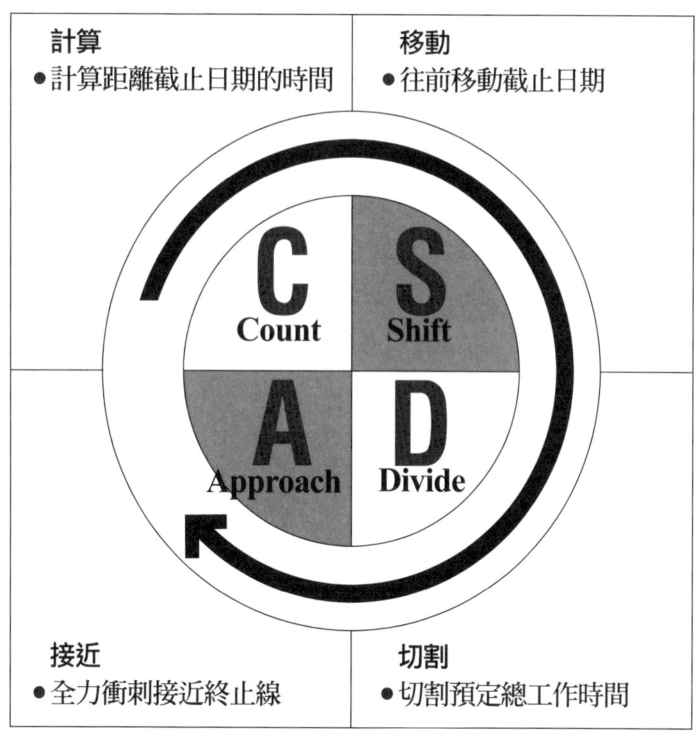

1 計算距離截止日期的時間——Count（計算）

既然時間壓力來自於距離截止日期時間的長短，那麼對於重要計畫、重大議題、重點報告、重要產品等，都必須明確計算（Count）出距離最終完成期限的剩餘時間。你可將這些重要日期標註在行事曆或筆記本上，隨時提醒自己注意。

2 往前移動截止日期——Shift（移動）

人人皆有惰性，越是重要的事情，往往越會拖延進行。等延宕至最後一刻才著手工作，常常又會出現突發狀況，導致自己措手不及。為了確保能準時完成工作，我通常會將截止日期往前移動（Shift）三天至一週，強迫自己提前動手進行，並且預留一些額外時間以因應臨時狀況。

3 切割預定總工作時間——Divide（切割）

請先算出從現在至提前截止日期的所剩時間，再將剩餘的可工作時間切割（Divide）成數個等分。例如，距離自我設定的提前截止日期只剩下二十天，可分割為四等分，每一等分是五天，所以每五天就必須完成總工作量的四分之一。過了五天之後，如果尚未達到總工作量的四分之一，就代表必須加緊趕工，以追上工作進度。

CSDA原則

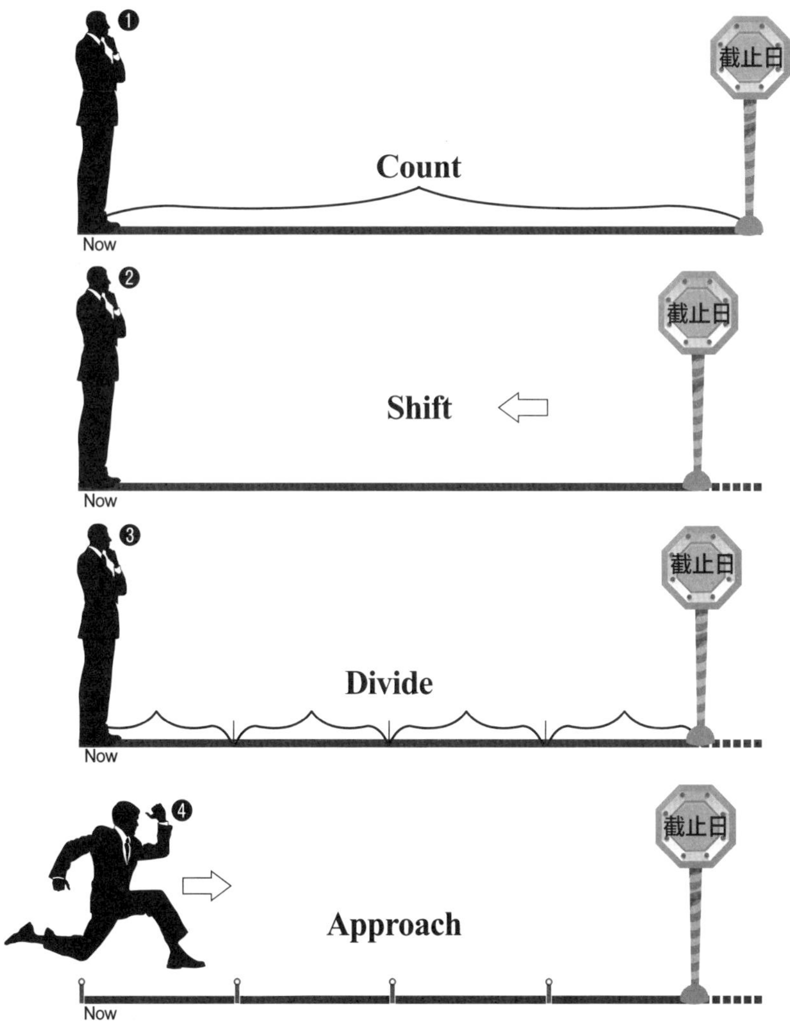
❶
截止日
Count
Now
❷
截止日
Shift
Now
❸
截止日
Divide
Now
❹
截止日
Approach
Now

4 全力衝刺接近終止線——Approach（接近）

截止日期也可稱為終止線，它代表與廠商、客戶、老闆、公司、消費者之間的重要承諾。在終止線之前，彼此的權利及義務關係存在，於終止線之後，一切關係瞬間消滅。如果無法在終止線之前完成工作或任務，雙方的信賴將會遭到嚴重破壞或崩盤。因此確立任務內容、一切安排就緒後，應當全力衝刺接近（Approach）終止線，以兌現彼此之間的承諾。

以同樣的工作而言，我發現若是能越早在終止線之前完成，對方越會感到驚喜，會越滿意工作的成果，也會留下良好的印象，並帶來下一次共同合作或往來的機會。

終止線多半是客戶或主管所訂定的，所以無法隨意更動它。但是，我們可以控制自己，越早、越快提起雙腳向前邁進的人，自可輕鬆愉快地抵達目的地。

20 管理時間的「辦公室三幫手」——星巴克總經理的時間筆記

追逐科技的人，不一定追得到時間。追到時間的關鍵不是高科技，而是高智慧。科技永遠來自於人性。

iPhone 智慧型手機

Eric對我炫耀著新買的iPhone 智慧型手機，他說自己的工作行程現在是一機在手，萬無一失。

「我沒有用智慧型手機耶！」我說。

「那你用什麼管理每日應做的事呢？」Eric問。

「我有『三記』筆記啊！」

「那是什麼？」他露出不解的神情。

「那是我用來管理個人時間的工具，針對工作時間加以記載、記憶與記帳。」

「筆記本會比智慧型手機更好用嗎？」Eric有點不服氣。

「不信的話，你可以嘗試看看！」我笑著說。

星巴克總經理

統一星巴克總經理徐光宇工作十分忙碌，為了擴展海外事業版圖，經常扮演「空中飛人」，在國內外四處奔波。

為了精確管好自己的時間，他想出特殊的「劇本模擬法」。他認為要充分主導個人的工作時間，就必須先擔任自己的導演，事前構想情節並寫好劇本，再依照劇本，努力扮演好每一個角色。

在日理萬機的繁忙生活中，他總是將「劇本」寫在自己的筆記本裡。不論生活中的大小事情，在正式「上演」前，他都會先在大腦中模擬並預演情節，幫助自己做好最佳的準備。

他發現將不同事務記錄在同一本筆記本內，就不容易發生遺忘重要事情的問題。將筆記本攤開，各項待辦事務一目了然，然後依不同時段按部就班地進行，即可收事半功倍之效。

「三記」筆記的愛好者

如同星巴克總經理一般，為了確實管理自己繁忙的工作，我本身是「三記」筆記的愛好者。

❶**在約定時間之前**——先在工作日誌或筆記本上「記載」工作內容、會見人物、商討議題、會面地點等。

❷**快到約定時間前**——翻閱工作日誌，提醒自己記住先前的約定，並力求準時出席。在會談後，將商議結果及討論內容記錄在筆記本內，讓自己留下清楚的「記憶」。

❸**在完成約定事項後**——計算總共花費多少時間，針對自己的工作時間「記帳」。評估所投入的時間與所獲得的成效是否成正比，以做為下次安排工作時間的參考。

因為養成了上述三項動作的習慣，讓我可以掌握現在的工作日程，規畫未來的工作進度，檢討過去的工作績效，成為足以主動掌控工作的上班族，而非被動受制於工作，使時間遭到瓜分。

辦公室三幫手

為了記錄個人的工作日程，我也有「辦公室三幫手」——便利貼、工作日誌及桌曆，為我精確控管工作時間。

1 便利貼

我習慣將當天要做的事項分門別類地寫在便利貼上。如果你的工作事項較為繁雜，建議使用較大尺寸的便利貼，以提高使用的方便性。例如可在便利貼上分別列出重要工作、聯絡事項、討論事項、雜務等幾大項，接著在各大項之下再行列出當日要做之事。

用便利貼寫當天預定之事

重要工作

1. 繳交計畫
2. 提出報告
3. 申請專利

聯絡事項

1. Call A教授
2. Call B先生
3. Email C學會

討論事項

1. 與D教授晤談
2. 與E公司會談
3. 計畫進度Meeting

雜務

1. 郵寄信件
2. 銀行繳費
3. 檔案整理

每完成一件工作，就用筆槓除一項。當發現許多事務均順利完成後，就會提高自己的工作成就感。如果當日無法順利完成所有事項，則於次日再將未完成之事謄寫至新的便利貼上，並增添次日的待辦工作。

將已完成事項一筆一筆刪除，這樣每天就能帶著輕鬆愉快的心情下班回家。

2 工作日誌

坊間的工作日誌琳瑯滿目、款式眾多，可依個人喜好自由選擇。我慣用的工作日誌是採橫向列出一週的跨頁式設計，縱向則是從早上到傍晚劃分為許多小格。我會留意工作日誌中縱向劃分的時刻，至少應該從上午八點排列至下午六點。所列的時間空格越多，越容易自由安排時間。在每一小時的格子中，最好有細線再行隔開，分割成每三十分鐘一個區塊。

因為上午是我的「生產時間」，工作效率較高，所以與學術研究有關的資料收集、資料分析、計畫構想、計畫撰寫、報告整理等，均安排在早上進行。

下午原則上是我的「非生產時間」，我會將行政會議、研究討論、計畫進度報告、授課、會面訪談等事項，安排在該時段內進行。如果是自己可主導的會議，也盡可能調到下午。各項「非生產型」事務之間若有空檔時間，我則會從事預定工作的聯絡，以避

工作筆記本

	星期一	星期二	星期三
8am			
	計畫 A	計畫 A	計畫 A
9	調查	撰寫(1)	撰寫（2）
10			
11	計畫 A	論文 B	論文 B
	規畫	撰寫(1)	撰寫（2）
12	午休	午休	午休
1pm	討論	討論	討論
2			
3	與C教授		
	會談	會議D	會議E
4			
		計畫 F	
5	上課	進度討論	上課
		G先生	
6		晤談	
			H先生 晤談

以月為單位的桌曆

MON	TUE	WED	THU	FRI	SAT	SUN
1	2	3	4 會議 A	5	6	7
8	9 計畫 B 假截止日	10 提前	11	12 計畫 B 截止日	13	14
15	16	17 簡報 C	18	19 會議 D	20	21
22 報告 E 假截止日	23	24 提前	25 報告 E 截止日	26	27	28
29	30 簡報 F	31				

免浪費時間。

同類型的事務，我也會盡量安排在同一時間區塊內，除了方便自己記憶，亦能顯著提升工作效率。

3 桌曆

為了提醒自己記住重要的工作日程，我還會使用以月為單位的桌曆，讓自己對一個月內的重要工作一目了然。

例如當月要繳交研究計畫的截止日、繳交報告的截止日、重要會議、演講邀約的日期等，我均會將其清楚標示於桌曆上。另外，我習慣在截止日的前三天設定一個「擬截止日」，你也可以稱之為「假截止日」，這是為了期勉自己在「真截止日」的前三天就提早完成該項工作。如果無法在「假截止日」前順利完成，至少你還有三天的緩衝期，可快馬加鞭趕完應做之事。

智慧型手機或許帶來不少便利，不過，再好的科技也必須懂得利用，才能發揮效果。

無論你想不想花大錢買最新的手機，都不妨試試「三記」筆記，相信它更具有人性，更容易輕鬆上手，也更能幫你管好自己的時間。

21 減少開會的「四制」概念
──張忠謀的三類會議

工作的戰場在辦公室，最消磨戰力的地方則在會議室。工作高手在會議室保留戰力，在辦公室發揮戰力。

醫院的時間管理

我發現醫院是最需要時間管理的單位，卻也是最難實踐時間管理的地方。

在急診室中，醫生可謂分秒必爭，必須抓緊關鍵時刻搶救病人；在診療室內，為了醫院的業績，醫師需以最短時間診治最多的病人。相反的，從另一角度視之，患者因病痛纏身而憂心忡忡，期待醫生可以花時間為自己細心診治、妥善處理，或是詳盡解說病情。由此可知，醫師與病患之間對於時間的認知與期待，存在著嚴重的衝突。

我前往一所大型教學醫院演講，提到了開會的問題。我告訴在場的醫生及行政人員，開會前需要計算會議成本。假設一位醫師的時薪是一千元，召集二十位醫生開一個小時的會議，就相當於耗費了兩萬元。假設每個月開會五次，就等於耗用了十萬元。

一位醫師聽了，頗有感觸地說：「我們院長如果懂得計算開會成本，就不會動不動找大家開會了！」

我這才知道，原來醫生們也很怕開會。

張忠謀的三類會議

張忠謀董事長被尊稱為半導體界的教父，所創辦的台積電公司穩執業界之牛耳，是世界上最大的晶圓代工大廠。

在治理公司方面，他具有獨到的見解與概念。他將平日公司內部的會議分為三大類：

❶**第一類：聯絡型會議**

由主席或報告者將資訊單向傳達給與會者。

❷**第二類：諮詢型會議**

邀請某一部門的同仁或某一領域的專家，針對特定議題提供意見。

❸**第三類：討論型會議**

召集部分同事，共同商討議題，以獲取共識與結論。

在上述三類會議中，主席均扮演著十分吃重的角色。在第一類會議中，他要負責精確控制時間，使報告者能在一定時間內傳達最關鍵的訊息。在第二類會議中，主席要適時拋出問題，引導被諮詢者針對該問題提供最佳的建議。在第三類會議中，主席要掌控會議進度，避免漫無目標的空談而使議題失焦，並在最後彙整意見，做出結論。

張忠謀位高權重，經常受邀參加重要的諮詢會議。一般而言，主席會請在場專家學者輪流發表意見，假設一個人講十幾分鐘，十個人發言就須占用兩小時。所以經常是最先上台的他在發言完畢後，往往還要在會場內枯坐兩個鐘頭。

身為世界級高科技公司的董事長，若將這兩個小時應用於公司事務上，所創造出來的績效與利潤，想必一定非常可觀。

減少開會的「四制」概念

不少上班族私下向我抱怨，他們的老闆及主管實在太愛開會，占用了許多工作時間。

站在高階管理者的立場，自然覺得開會具有絕對的必要性，有時是為了宣揚新策略，有時是為了追蹤工作進度，有時則是為了取得共識。但往往忽略了「單位時間產

減少開會的「四制」概念

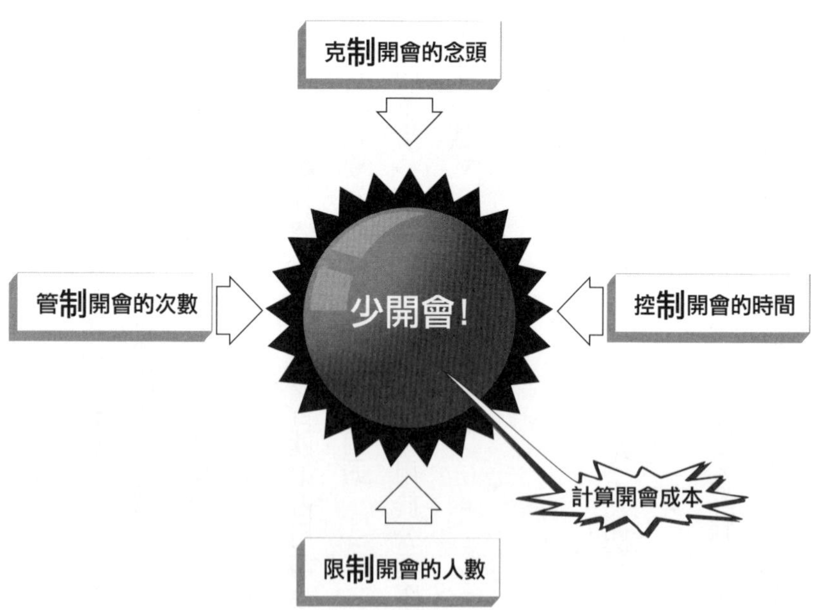

值」的概念，將許多時間用來開會，卻沒有充裕的時間可以實際動手工作，這樣是無法達到預期績效的。

為了讓全體同仁保持最高的戰鬥力，並擁有最多的可工作時間，我建議高階主管參考以下的「四制」概念：

1 「克制」開會的念頭

頻頻召開會議的老闆固然表現出強烈的企圖心，但是開會不是解決所有問題的萬靈丹，善於體察「民情」的主管，應該多將時間留給同事用於工作。除了例行性會議外，請盡量克制想召開臨時會議的念頭。少開會、多做事，才是部屬的福氣。

2 「控制」開會的時間

過於冗長的會議容易失焦，達不到開會之目的。主持會議者應先設定會議的結束時間，提醒所有與會者針對重點發言，並事先分配各議題可用的討論時間，以精確控制議程的進行。

3 「管制」開會的次數

例行性會議的次數不宜過多，能合併進行的應盡量合併，能不予討論的也應盡量刪減。建議替每位員工設定一個「開會時間配額」，每週或每月超過該配額，即不得再參加任何會議，如此可嚴格管制開會的次數及時數，減少不必要的時間浪費。

4 「限制」開會的人數

參與開會的人越多，能夠留在崗位上工作的人就越少。明智的老闆不會嚴格清點會議室內的人數，而是會計算在公司或工廠內真正埋首於工作的人數。請依照會議的三大類型：聯絡型、諮詢型、討論型會議，分別設定開會人數的上限，盡量減少會議室內的「冗員」，才能發揮公司的最大戰力。

適度的開會可以聯絡感情、激勵士氣；過度的開會則會破壞感情、消磨士氣。掌握公司或部門「開會權」的高階主管們，請多多珍惜部屬寶貴的工作時間。

22 正向應對會議的四大法則——哈佛大學的心理測驗

會議，未必要將其視為洪水猛獸。
逃避會議，會被老闆視為異類。
正向面對會議，才能成功制服會議。

哈佛大學的心理測驗

哈佛大學曾進行一項有趣的心理測驗。授課的教授問班上學生：

在第一個世界裡，你一年賺五萬元美金，別人才賺兩萬五千元美金。

在第二個世界中，你一年才賺十萬元美金，而別人賺二十萬元美金。

假設兩個世界的物質條件及生活狀況均相同，你要選擇哪一個世界？

結果出乎意料，大多數學生都選擇第一個世界，他們寧願口袋裡的薪水少一點，卻期望自己與他人相比可占有相對的優勢。

讓我們以類似的問題來問自己：

在第一家公司，你一天上班十個小時，別人僅需上班八個小時。

在第二家公司，你一天僅需上班八個小時，別人卻要上班十個小時。

假設兩家公司的薪資皆足以滿足你在生活與物質上最基本的需求，那麼，你會選擇哪一家公司？

相信絕大多數的上班族均會選擇第二家公司。因為應該沒有人樂意見到自己比別人更忙，也沒有人喜歡看到別人比自己更閒。

「我覺得自己好像不是上班族耶！」一個年輕人告訴我。

「那你是什麼族？」我問。

「我覺得自己是『開會族』！」他略帶無奈地說。

如果將大部分的上班時間都耗用在開會上，就沒有足夠的時間可完成正事。在第二章中，曾提及「三抓三放」的概念：

●抓大事、放小事

●抓正事、放雜事

●抓要事、放閒事

其實很多時候，屬於小事、雜事及閒事的會議屢見不鮮。當然亦有針對大事、正事、要事的會議，但往往只占會議總數的一小部分。因此我們可將「三抓三放」的概念應用於會議上：

● 抓大會、放小會
● 抓正會、放雜會
● 抓要會、放閒會

對於大會、正會、要會，應主動參加，並在會議上適時發表意見；對於小會、雜會、閒會，則應盡量減少出席，以節省自己的時間。

正向應對會議的四大法則

為了管好自己的時間，對於開會，我個人有幾項原則。簡述如下，供你參考：

❶能不去開的會，盡量不要去。
❷能不召開的會，盡量不要開。
❸能提前離席的會，盡量提早離開。
❹能提前結束的會，盡量提早結束。

我本身很幸運的在開會這件事情上，享有較多的「主動權」。

但是礙於長官關愛的眼神或嚴格的要求，上班族有時很難拒絕參與一些會議，或是無法提起勇氣開口要求提前離席，這或許是因為主管與部屬對於會議的認知不同所致。但是，為了達到更高的工作績效，你應該積極爭取選擇開會的「主動權」，為自己的工作時間「謀福利」。

對於那些經常被動遭到「徵召」出席會議的上班族，我提供一個示意圖，說明「正向應對會議的四大法則」建議如下：

正向應對會議四大法則

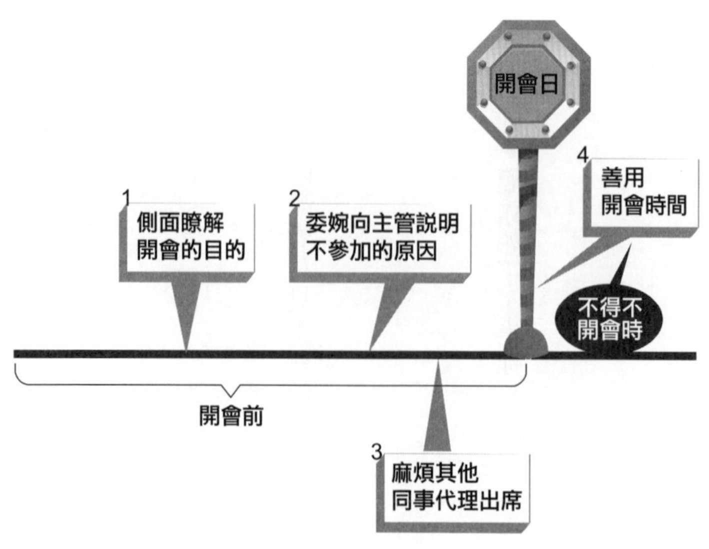

1 側面瞭解開會之目的

並非每會必開、有會必到的人，就是一個稱職的上班族。在開會之前，先側面瞭解會議之目的，探知此次會議的主題是否與自己負責的業務有直接相關。如果開會的議題與自己的關連性甚低，則應予以適當篩選。

2 委婉向主管或上司請示

一旦確知自己並無參加某項會議的必要，請在事前主動向主管說明不需與會的理由。以充分的理由加上良好的溝通態度，相信必能取得上司的諒解。

3 麻煩其他同事代為出席

若遇到重要會議，卻無法抽空出席，應央請同事扮演「替身」代為出席。出席意味著對議題的重視，也代表著對主持會議者的尊重。可將個人意見及欲發言內容，委託同事代為陳述，適時適地表達意見及提供建言。

4 善用開會的時間

如果是不得缺席的會議，除了聆聽發言者的重要陳述外，其實在意見交換、文件傳遞、議案交替等過程中，尚有許多可供善加利用的空檔時間。我們未必要明目張膽將公文帶進會議室內處理，但是可以利用這些空檔時間，規畫會議結束後的工作事項，安排工作的優先順序，思考尚未釐清的問題，或是構想因應會議結論應做何種調整。

越是懂得善用開會時間的人，越能減少會議對自身的無形耗損。

開會或許是上班族無可避免的宿命。

但是，積極主動應對會議，將會改變自己的工作命運。

23 縮短開會時間的方法——穿著Prada的惡魔

穿著Prada，可以接受；但被稱為惡魔，則無法忍受。
高明的主管不會成為會議的惡魔。

穿著Prada的惡魔

安德莉亞是剛從大學畢業的社會新鮮人，幸運地進入知名時尚雜誌社工作，擔任總編輯米蘭達的助理。這是人人稱羨、夢寐以求的一份工作，但是萬萬沒想到，這卻是她苦難日子的開端。

米蘭達在公眾場合總是打扮得高貴亮麗，在Prada、Versace、Chanel等各大名牌服飾的加持下，她顯得格外雍容華貴、氣質高雅，彷彿是時尚界的女王。但是一回到辦公室，她陰晴不定的脾氣便顯露無遺，時常對部屬大聲咆哮、頤指氣使，極盡挑剔苛責之能事。

安德莉亞為了在競爭激烈的環境中求生存，強迫自己忍受一切痛苦以及被撕裂的自尊。最後她終於認清事實，脫下虛偽的面具，拒絕出賣自己的靈魂，勇敢地向米蘭達說「不」，找回屬於自己的天空。

這是電影《穿著Prada的惡魔》的故事情節。

不管是Gucci還是Armani，任何人都不希望自己的主管是身穿頂尖名牌的職場惡魔。

大學友人的煩惱

安琪在一家貿易公司擔任業務經理，平時除了要與其他部門經理開會討論，還需召開自己部門的會議。由於議題繁雜，每次開會都會超過預定時間，無法準時結束，同仁們不得不超時加班以完成手上的工作，導致部門裡經常是怨聲載道。安琪深感無奈，她自己也不希望成為穿著Prada的惡魔。

「妳為什麼要開這麼多會？」我問安琪。

「因為要討論的事情很多啊！」

「那為什麼總是無法準時結束呢？」

「因為要報告的同事很多啊！」

「妳有請報告的同事預先準備書面資料嗎？」

她想了一會兒說：「好像都沒有。」

我再問：「妳有規畫議題並加以分類的習慣嗎？」

「沒有。」

「妳有請同事先行針對議題收集資料，或是設想可行方案嗎？」

「沒有。」

「如果妳沒有養成上述的任何一種習慣，那麼會議必定是開不完的。」

「那我該怎麼辦？」安琪焦急地問，她不想引起「民怨」。

會議開不完的原因

我坐下來，為安琪詳細分析讓她會議開不完的幾項原因：

●報告人數過多

為了縮短會議時間，讓有要事宣布的同事報告即可，不需要人人都發言。

●未準備書面報告資料

報告者如果沒有準備書面資料，發言容易漏失重點，無法言簡意賅地陳述關鍵內容。與會者如果手上沒有書面資料，往往為了確認聽到的內容，因一問一答而浪費許多時間。

●未做議題的規畫及分類

有效率的會議如同一篇好文章，需有起承轉合。未將議題分類，也沒有安排合宜的討論順序，開會容易流於雜亂無章，無法順利進行。

●未事先收集資料及設想可行方案

會議主持人若僅是選出議題，但未事先收集資料及思考解決方案，雖可激發同事們的熱烈討論，但往往會因意見分歧或立場不一，最後仍舊難以取得共識或達成協議，使得會議結束時間被迫不斷延後。

縮短會議時間的建議

安琪聽了我的分析後，點頭表示明白。另外，我針對「人」、「地」、「時」、「事」、「物」等五個層面，提供她如何縮短會議時間的建議：

1 「人」——減少報告人數

規定重要的幹部每次開會必做報告，其餘同事則隔週或隔次再做報告即可。如有同

縮短會議時間的五大法則

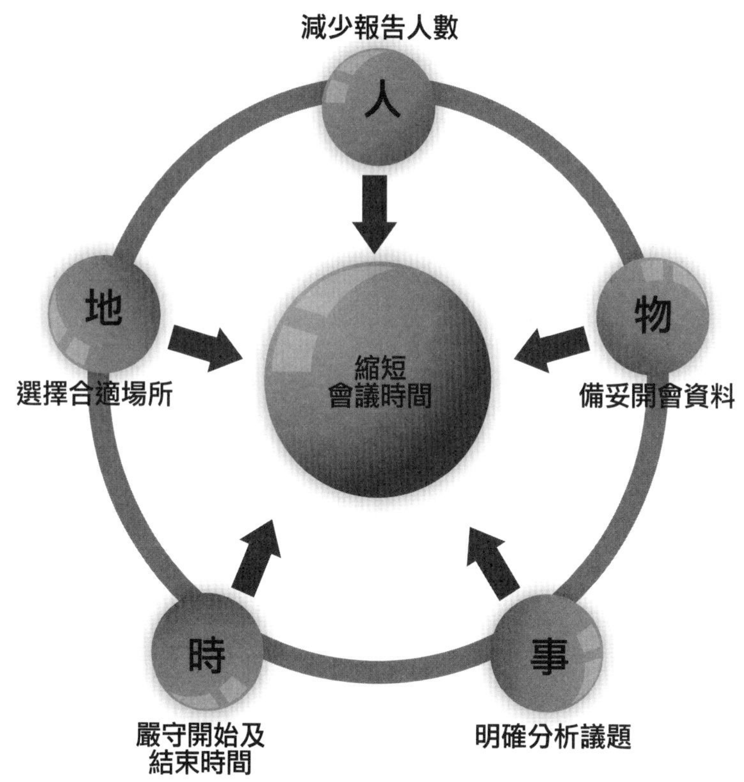

仁的表達能力較差，或是無法掌握報告重點，則應要求事前預做練習，以免耽誤其他同事的時間。

2 「地」——選擇合適場所

會議室過大，彼此的目光難有交集，也不易進行有效的溝通和協調。選擇大小合宜的會議室，並依照會議性質，調整會議桌排列的方式，可促使與會者積極發言，迅速達成結論。

3 「時」——嚴守開始及結束時間

無法準時開始的會議，往往難以準時結束。敦促大家務必準時出席，莫因等候少數遲到的人，而耽誤全體同仁的時間。在會議一開始，主持人應先說明會議進行程序，分配各項議程預定討論時間，並明訂會議的結束時間，讓與會同仁有心理準備，必須在設定時間內完成所有議程。

4 「事」——明確分析議題

針對不同的提案或議題，應仔細規畫及明確分類，並請相關同仁收集充分的資訊，提供給與會者做為參考。另外，亦應先行思考該議題的可行方案。相關方案的擬定可自行構想，或請教有經驗的前輩或專家。預先擬妥方案再行討論，可使討論焦點集中，有利於迅速達成共識。

5 「物」——備妥開會資料

天馬行空、漫無重點式的報告，只會浪費與會者寶貴的工作時間。備妥書面資料，報告者才能言之有物，聆聽者才可迅速瞭解報告大意。書面資料應力求精簡，無須長篇大論。報告時，僅需挑選重點說明即可，其他資料則當作是提供給與會者參考的附件，如此應能大幅縮短開會的時間。

我們不見得要穿Prada或Armani，但是絕對不想成為同事眼中的惡魔。減少會議及縮短會議，是你贏回人心的第一步。

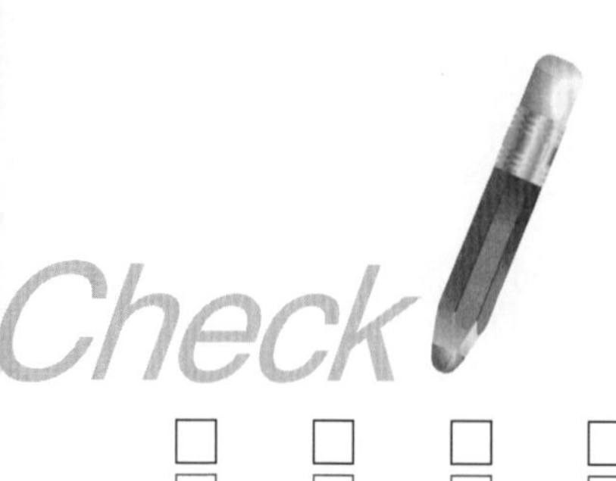

控管上班時間
通關測驗

□請在讀完本章後，進行第一次的複習及自我評估。
□請在一個月後，進行第二次的回憶及自我評估。
□請在三個月後，進行第三次的檢討及自我評估。

□□□ 我會善用「CSDA」原則控管自己的時間：計算（Count）距離截止日期的時間、提前移動（Shift）截止時間、切割（Divide）總工作時間、全力衝刺接近（Approach）終止線。

□□□ 會盡量提早開始進行重要工作，明白離截止日期越遠，自己的工作壓力就越小。

□□□ 訓練自己成為工作日誌及筆記本的愛用者，積極使用便利貼、工作日誌及桌曆。

□□□ 會將雜事分類寫在便利貼上，每完成一件事，立即槓除一項。隔天再將未完成的事項重新謄寫至新的便利貼上。

□□□ 將約定之事確實記錄在工作日誌上，提醒自己準時赴約。下班前，會檢討一天的「工作所得」，找出改善效率的方法。

□□□ 有機會主導會議時，會利用「四制概念」提高工作戰鬥力：抑制開會的念頭，控制開會的時間，管制開會的次數，限制開會的人數。

□□□ 明白越少開會的主管越易擄獲人心的道理，只在必要時開必要的會。

□□□ 盡量減少自己被「徵召」去開會的機會，積極地把時間留給自己的工作。

通關筆記

進行自我評估時，請依自己目前的狀況檢驗。

若已達成，請打∨；偶爾能達成或尚無法達成，請空白。當每道測驗都填上∨時，即表示全數通關！

Review and

□□□會正向應對會議的存在，從側面瞭解會議之目的，委婉向主管請示，必要時請同事代為出席，不得不去開會時，會善用開會的時間。

□□□積極讓會議「速戰速決」——限制報告人數，選擇合適場所，嚴守開會時間，明確分析議題，備妥會議資料，避免會議「拖泥帶水」。

□□□會將自己的可用時間切割成不同等分，要求自己在各等分中達到應完成的進度。

□□□會全力在截止日期前衝刺，盡量在截止期限之前完成工作，帶給對方驚喜。

□□□會自我要求移動截止日期的紅線，督促自己加緊工作，不會停滯原地不動。

第五章
製造上班時間

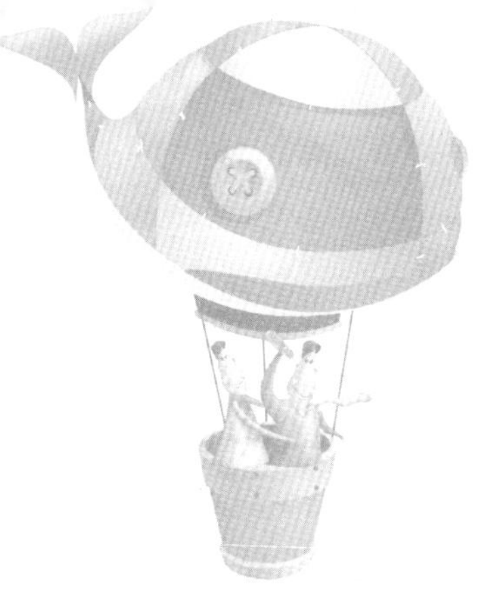

製造上班時間

- 製造生命與工作的時間
- 製造藍海時間的方法
- 善用零碎時間的祕訣
- 重疊時間配置法
- 時間與金錢的巧妙轉換

24 製造生命與工作的時間
——挑戰命運的最後演講

要如何製造時間？
生命的延長與生命力的提升，就是製造時間的最佳方式。
挑戰命運，就會為自己爭取更多的時間。

最後的演講

蘭迪·鮑許是美國卡內基美隆大學電腦系的教授，教學仔細認真，為人幽默風趣，廣獲校內師生的好評。

他的事業一帆風順，家庭生活也堪稱美滿幸福。沒想到在剛過完四十七歲生日之際，就從醫生那兒得知自己罹患了胰臟癌，因腫瘤擴散多處，已屬癌症末期，最多只剩下半年的壽命。醫生的宣判猶如晴天霹靂，他在極度震驚及絕望下，忍不住與妻子相擁而泣。

痛哭一場後，鮑許擦乾了眼淚，並做出一項決定。他決心要以微笑面對這無情的打擊，要每天大笑，笑自己體內的癌細胞，笑身邊所有的事情。

一個月後，學校邀請他進行一場演說，他選擇以「最後的演講」為題。在他演講的過程中，現場數百名聽眾時而開懷大笑，也屢屢因感動而熱淚盈眶。他以樂觀正向的態度，看待老天爺加諸在他身上的這個大玩笑，並感謝周遭所有幫助過他的人。他也侃侃而談自己年輕時的夢想，曾經加入橄欖球隊，贏得迪士尼的玩具，擔任迪士尼的夢想工程師，最後還成為頗有名氣的大學教授。

他珍惜人生中的每一個片段及際遇，也認為每一件事情都有其正面意義。他說：「如果不能改變現狀，就要思考如何回應；倘若不能決定拿到什麼牌，就要努力打好手上這一副牌。」

這場演講的影片被放在網路上，立刻引起廣大群眾的熱烈迴響，有超過千萬人次點閱，網友們紛紛大力轉發，個個都因他正面迎向命運的勇氣與真誠而深受感動。

鮑許說這場演講並非是為了到場聽眾所準備的，而是他本身想要對自己三個可愛孩子所講的話。他要談的主題不是死亡，而是人生中的重要議題，例如該如何克服工作障礙、應如何實現年少夢想，以及要如何幫助他人實現夢想等。

即使已是癌症末期，鮑許並未灰心喪志，仍舊積極樂觀地接受治療。他的演講深刻鼓舞了許多面臨重大危機的民眾，從而激發他們勇於挑戰困境的決心。

他的生平故事及演講內容經編撰成書，引起社會大眾廣大迴響，中文版上市時，距離醫生宣判「死期」之日也已有一年半的時間，遠遠超出原本宣告的半年期限。

他的堅強意志及樂觀態度，為自己延續了生命，也為自己創造了時間。

他在人生旅途的盡頭，以自己的生命燃放出耀眼的光芒，也點亮無數人內心的希望明燈。

鮑許獲選為美國《時代》雜誌二〇〇八年世界百大最有影響力的人。在同年七月雖然終於不敵病魔，與世長辭，但他樂觀進取的形象，卻永遠活在人們心中。

人生與工作的終點站牌

人生的旅途必有終點，但是選擇如何抵達終點，著實考驗著個人的智慧。

上班的生活亦有終點，但是選擇如何在工作生涯中盡情發揮、如何退而不休，也取決於個人的自我期許與生命意義。

上天為鮑許的「生命公車」豎立了一支終點站牌，他似乎不得不認命地等待最後一日的來臨。然而他以毅力與信念，成功移動老天設下的站牌，將它向後挪移了數站，讓自己的生命得以延續，也發揮了最高的人生價值。

移動人生的終點站牌

上班族的「工作公車」也有一支「退休」的終點站牌，許多年輕人對於退休日的來臨總是滿懷期待。然而，與其消極地坐等退休日到來，還不如主動積極地投入工作，實現自己的夢想，擁有收穫豐碩、多采多姿的一生。只要個人的成就越高，即使抵達第一支「退休站牌」，往後還是大有機會展開後續的旅程及第二事業，延長自己發光發熱的時間。

其實，醫生宣判的「人生終點站牌」及公司規定的「工作終點站牌」並非牢固不可撼動的，而是憑一己之力可以移動的。

能將站牌移動得越遠的人，就可為自己製造越多的時間，也能將更多的時間貢獻給他人。

〈後記〉

我的阿姨是一個平凡的婦人，她沒有鮑許教授的淵博學識，也沒有他的過人智慧。但她含莘茹苦地獨立撫養三個女兒，直至她們完成大學教育。

在被醫生宣判罹患肺腺癌末期後，她從未放棄積極治療，努力與死神一搏。在多次放射線與化療的過程中，她的身體極度不適與疼痛，出現許多難以忍受的副作用，體重亦急遽下降。每次前往探望時，她總是不提病情，以笑容面對親朋好友。甚至在過年的家族聚會上，猶可高歌一曲，希望帶給我們歡樂。

阿姨終於不敵病魔而辭世。但是在她的毅力與堅持下，「人生終點站牌」仍往後挪移了一大段。她沒有留下如同鮑許教授的精彩演說，但是她的積極樂觀，仍深深影響了每一個陪伴她走過此生最後一程的人。

25 製造藍海時間的方法——時間管理的「藍海策略」

藍海策略，幫你找到避開激烈廝殺之紅海的捷徑。
藍海時間，助你超越只懂得在紅海時間打拚的人。

義大利的美麗藍洞

那令人留戀的卡布里呀！
令人陶醉的景色多美麗，
放眼望去到處一片碧綠，
我始終也不能忘記妳。

這是一首來自義大利卡布里島的著名民謠《令人留戀的卡布里》，相信很多人對這首悅耳動聽的歌曲記憶猶新。

在風光明媚的卡布里島上，有一個神祕奇幻的「藍洞」，是全球觀光客競相前往一窺美景的旅遊聖地。船夫駕著扁舟、輕搖船槳，引領遊客進入由海水侵蝕而成的石炭岩洞穴。從陽光耀眼的海面一划入洞穴後，猶如進入一個夢幻世界，水面波光粼粼，湛藍的海水清澈見底，在洞外陽光巧妙折射的輝映下，洞穴內的整個水潭閃耀出如同藍寶石般的璀璨光芒，讓人不禁陶醉於這如詩如畫的絕美景致。

「藍海策略」剛被提出時，我立刻聯想到曾造訪過的義大利「藍洞」，至今腦海中仍深深刻印著鮮明又美好的記憶。

金偉燦及莫伯尼兩位學者在《藍海策略》一書中提出嶄新的概念，建議不要在已是血流成河的紅海裡搏鬥，應當尋找尚無強大競爭者的藍海，採用新思維，創造新市場，以降低進入市場的障礙，贏得最大的利基。

藍洞很美麗，藍海很誘人。那麼，在時間管理上，是否有所謂的「藍海策略」呢？

藍海時間與紅海時間

依前述兩位學者的想法，紅海是已知的市場，早有八方人馬爭相湧入、各據山頭，進行激烈的競爭與廝殺；而藍海是未知的市場，尚未被眾人注意或知曉，所以格外寧靜且平和。

將上述概念進一步導衍，我們也可以將自己的工作時間區分為「紅海時間」及「藍海時間」。

◉**紅海時間**——

是一般人比較懂得利用的時間，包括完整的時間、心情愉悅的時間、寧靜的時間、精神放鬆的時間、規定的上班時間等。在這些時段裡，一般人多會努力振作精神，積極提高自己的工作效率。

◉**藍海時間**——

這是一般人比較容易忽略，也比較不易掌握的時間，例如不完整的時間、心情低落的時間、吵雜的時間、精神緊張的時間、上班前的時間等等。在這些時段裡，上班族經常有意無意替自己找尋藉口，忽視這些時間的存在。

在紅海時間裡，每個人均勤奮工作，所以成果大都不分軒輊，無法分辨高下；相對而言，在藍海時間裡，有的人鬆懈休憩，有的人則繼續努力前進，那麼後者的收穫將大幅超越那些已經停止不動的人。

在藍海時間中，你當然可以稍事歇息，舒緩自己緊張的心情。等情緒回復正常狀態後，如果你希望比別人獲得更多的成果、達到更高的成就，就請把握這段時間好好努力。

有一次在日本，聽到電視台記者訪問旅日棒球選手王貞治，請問他為何能夠打出比其他選手更好的成績。

他帶著認真的表情回答：「當別人練習的時候，我一定要練習；當別人不練習的時候，我更要練習！」

這真是一段激勵人心的話！王貞治懂得珍惜把握一般人無法利用的藍海時間，替自己「製造」了額外的時間，所以能夠創造出傲人的佳績。

製造藍海時間的方法

如何積極「製造」藍海時間呢？

1 跳脫完整時間的思考框架

努力爭取最多的完整時間，是提高工作效率的良策，但在現實的上班生活中，時間總是被會議及雜務切割得支離破碎。當我們認清事實，發現無法擁有許多完整時間，就應該跳脫原本的思考框架，正視非完整時間的存在，進而好好運用那些過去容易遭到忽略的時間。

2 莫為個人心情找藉口

人的情緒常有高低起伏，個人際遇未必一帆風順。但是公司或機關僱用你，並非為了讓員工利用上班時間來修補自己心情上的創傷。個人的情感問題及家務事請放在家裡就好，盡量不要帶到上班的地方。不愉悅的心情或不快樂的表情，只會影響你的工作、浪費你的時間，卻無法解決任何問題。專心投入工作中，有時反而是一種情緒的解脫。

3 打敗環境的干擾

人人都冀望有寧靜的工作環境，但非個個可得。若工作環境十分吵雜，建議先挪移位置，尋找較安靜的地方辦公；若無法移動位置，請戴上耳塞，以減少噪音的干擾；若因工作性質不適合戴耳塞，則建議在該時段內從事一些較不需思考的事務性工作，例如整理檔案、分發資料等，充分善用這些非寧靜的藍海時間。

4 把握上班前及午休時間

先前的章節已討論過提早上班的好處，你應已明白「一日之計在於晨」的要義。至於中午的時間，除了用餐及處理個人事務外，如果可以減少排隊等待的時間，你便能多擁有可供自由運用的時間；如果可以縮短與同事的聊天，你便能多製造一些過去無法利用的時間。愉快的用餐很重要，但在事務繁忙之際，藍海時間的有效應用更為重要。

時間的藍海策略

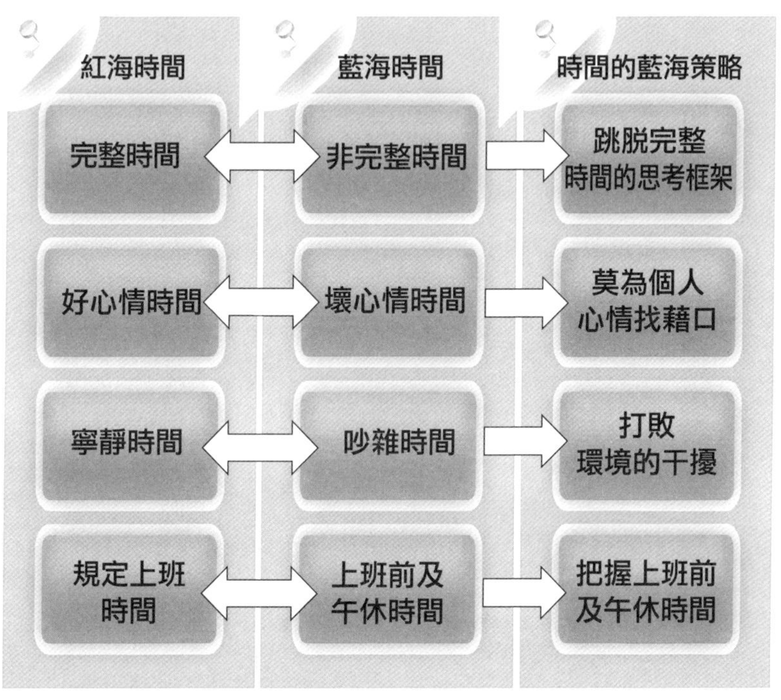
紅海時間
藍海時間
時間的藍海策略
完整時間
非完整時間
跳脫完整
時間的思考框架
好心情時間
壞心情時間
莫為個人
心情找藉口
寧靜時間
吵雜時間
打敗
環境的干擾
規定上班
時間
上班前及
午休時間
把握上班前
及午休時間

藍洞內的海水其實並沒有比洞穴外的海水更藍，是陽光的折射讓洞內的海水閃爍出耀眼的藍光。

藍海時間其實並沒有比紅海時間更長，但是懂得善用時間的人，會使藍海時間變得彌足珍貴。

26 善用零碎時間的祕訣
——何薇玲董事長的時間管理

古人惜光陰，貴於惜黃金。光陰金難買，黃金失可尋。大禹惜寸陰，陶侃惜分陰。吾輩方少年，更應惜秒陰。
——中國古詩

尋找珍貴的松露

松露、魚子醬、鵝肝醬並稱為「世界三大珍饈」，其中以松露最為名貴，其散發出的迷人香氣，使老饕為之神魂顛倒。

古代人相信松露是閃電的女兒，一位知名的作曲家兼美食家稱松露為「蘑菇中的莫札特」。以松露產地而言，法國的黑松露及義大利的白松露最為名貴，前者的價格可比黃金，後者則如同鑽石般昂貴。

松露究竟是什麼？它是一種長在地面下的蕈菇，大部分在橡樹或榛樹的樹根旁著絲生長，塊狀主體則藏於地底十到數十公分之處，其氣味及品質隨依附生長的樹種而異。因松露對生長環境的要求極為嚴苛，無法以人工栽植，數量甚為稀少，故價格十分昂貴。

為了尋覓藏身於地底的名貴松露，採集者必須訓練獵犬，利用獵犬的敏銳嗅覺來辨識松露散發出的獨特香氣。當獵犬在某一座樹根前徘徊不去且興奮不已時，即代表牠已找到這種餐桌上的美味寶石。

零碎時間的共同特徵

希望製造出更多時間的人，也應該具備獵犬般的靈敏嗅覺，找出工作空檔中的零碎時間。

零碎時間一般藏匿於正常工作裡、訪客會談中、會議時間裡等。如果不強化自己的「嗅」覺，往往不易察覺零碎時間的存在。

積極累積零碎時間，加總後所獲得的效果，絕不遜於松露的珍貴程度。

越是缺乏時間的人，越應把握自己生活中的零碎時間。越能好好運用零碎時間，就越能替自己製造出額外的時間。

零碎時間一般具有三項共同特徵：

非連續性——零碎時間多半是非連續性的，時間長度亦短於完整時間，通常是發生在兩件長時間的事務之間。

非預期性——當原定計畫或行程出乎意料無法順利進行時，常會產生零碎時間，故具有非預期性。

非經常性——部分的零碎時間是屬於偶發性質的，在特定事務進行時才會發生，故具有非經常性。

我們瞭解零碎時間的特徵後，便能進一步強化對該類時間的偵察能力，從而積極利用該段時間。

何薇玲董事長的零碎時間

前惠普科技董事長何薇玲也是「零碎時間」的「愛用者」。她是跨國企業的CEO，除了忙碌的工作外，還能撥出時間畫油畫、寫專欄、唱歌劇，享受多彩多姿的休閒娛樂。

某次接受《天下雜誌》專訪時，她透露自己管理時間的祕訣，就在於掌握零碎時間。平時雖然未必能找出完整時間做自己想做的事，但是兩分鐘的空檔卻是唾手可得，只要累積生活中無數個兩分鐘，即可創造驚人的效果。

她說零碎時間的minute payment的概念，其實可與現代人的生活模式做完整的結合。

善用零碎時間的祕訣

要如何有效活化過去無法積極使用的零碎時間呢？請參考以下的法則：

1 Check——檢查零碎時間的狀況

請記住彼得．杜拉克對於管理時間的重要概念：要管好自己的時間，必先記錄自己的時間。對於零碎時間亦是如此。

請依個人的職場環境及工作性質，寫出可能會出現的零碎時間，以提醒自己注意。例如：

正式開會前，等待同事或客戶的時間。

研習會中，中場休息的時間。

到公司拜訪，客戶現身前的時間。

到外地出差，等候及搭乘交通工具的時間。

打電話聯絡，總機接通對方前的時間。

進行文書處理時，開關機與下載檔案的時間。

與上司討論，等待老闆的時間。

只要你肯花心思去檢查（Check）這些零碎時間的存在，就越不易讓這些時間白白流逝。

2 Count——計算零碎時間的總量

請以簡單的加法，將上班一整天內的零碎時間加總，計算（Count）出自己到底一天有多少零碎時間。

過去的零碎時間對你而言可能相當於廢棄物，沒什麼利用價值。但是經過仔細計算後，你就會驚覺零碎時間的總合龐大到超乎想像，使你不得不做「資源回收」。

3 Design——設計零碎時間的運用

對於不同場合、不同長度的零碎時間，需設計（Design）一套獨特的應對方式。例如在辦公室打電話等候對方的空檔時間，你可以收發電子郵件；在開會前等待同事的時候，你可以著手規畫會議結束後的行程；在等待老闆的時候，你可以檢查最近的工作進度；在研習會的休息時間，你可以複習上半場的講述內容。

善用零碎時間

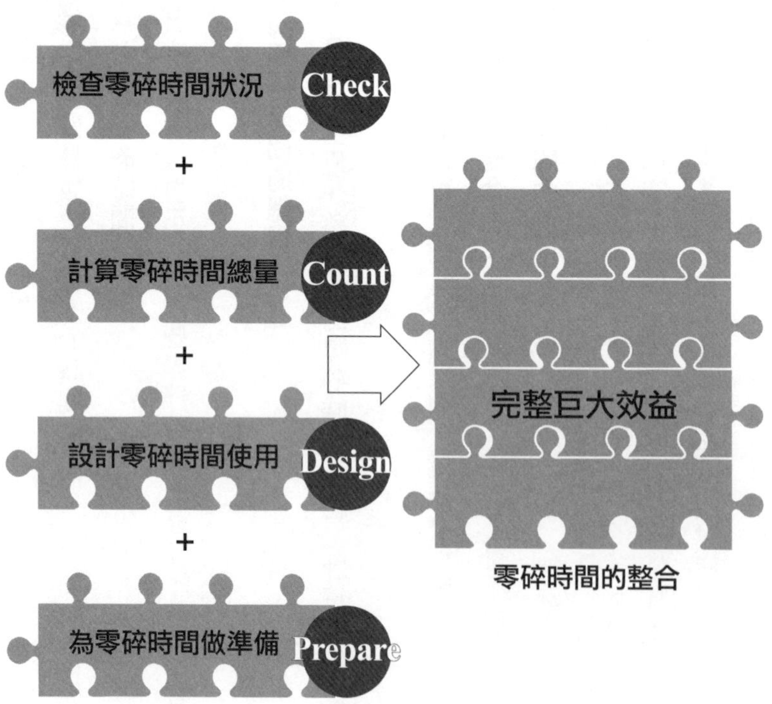

零碎時間的整合

運用零碎時間的方式越多樣化，你就越能得心應手地利用零碎時間。

4 Prepare——為零碎時間做好準備

由於零碎時間的出現經常是無法預期的，我們應養成事前為零碎時間做好準備的習慣，這樣在零碎時間突然發生時，才能立即加以運用。

請在公事包裡準備三件物品：一枝筆、一本筆記簿及一本想看的書。在零碎時間突然出現時，你可以用筆在筆記本上進行思考、規畫、設計與記錄，亦可利用這段時間閱讀書籍、吸收新知。

另外，請將寫在便利貼上的雜務事項，當做是無法進行重要工作時的「備胎」，一有零碎時間出現，即可用來逐一處理各項雜務。

善用以上的Check、Count、Design及Prepare技巧，可以使零碎時間的效益發揮到極致，讓時間的「廢物」變成黃金！

27 重疊時間配置法——《關鍵下一秒》的分身

分身，只有出現在武俠小說及科幻電影的虛擬世界裡。同時分工，則出現在優秀管理者的真實世界中。同時分工，會幫助自己製造有效的分身。

關鍵下一秒

克里斯強森是個天賦異稟、能預見未來的奇人。

他的超能力引起學術機關及醫療單位的高度興趣，但他不願被當成實驗室裡供研究用的「白老鼠」，便藏身於拉斯維加斯的賭場，以賭博及變魔術維生。

恐怖組織揚言將引爆核彈，引發全世界的大恐慌，美國聯邦調查局在束手無策之下，只好求助於強森。他反覆長考，經過一番天人交戰後，終於答應以自身預見未來的能力出手相助……

這是科幻大師菲利浦狄克的短篇小說《關鍵下一秒》的情節，後經改編為同名電影，由影帝尼可拉斯凱吉主演，在全球創下票房佳績。

在電影中，強森為了在定時炸彈爆炸前，即時找到被歹徒綁架的女主角，便發揮他的超能力，讓自己迅速分身，一分為二、二分為四、四分為八地快速「複製」，每個分身各司其職，分別識破敵人的陷阱與機關，終於直搗黃龍，即時救出女主角。

工程師的一天

在工作極度繁重、已無法招架時，你一定十分渴望能有許多「分身」，幫忙分擔原本做不完的工作。

當然在真實世界裡，我們沒有超能力，也不可能複製「分身」，但是可以利用「同時多工」的概念，替自己製造更多的時間，準時完成主管交辦的工作。

傑生是一位研發工程師，負責新產品的籌畫設計與特性分析。在三月的某一天，他要做的事情及預估工作時間如下：

＊元件特性分析測試實驗——兩小時

＊撰寫測試報告——兩小時

＊從台北至高雄出差——兩小時（搭高鐵）

＊高雄分公司會議——兩小時

＊彙整會議資料——兩小時

＊從高雄回台北——兩小時（搭高鐵）

將上述所有預估工作時數加總後，所得數值為十二個小時。以一般的上班時數來看，若傑生不拚命熬夜加班的話，絕不可能在一天之內完成。

但若稍加改變思考模式，將會發現可安排出完全不同的工作日程。

參考左圖可知，如果他在搭乘高鐵前往高雄的途中撰寫測試報告的話，當抵達目的地時，報告已經撰寫完畢，所以可讓兩件事情在同一時間完成。

在分公司開完會後，如果在搭高鐵回台北的途中彙整會議資料的話，當高鐵駛進台北車站時，他又已完成了會議報告。

依照上述建議的工作程序，傑生可以將工作時間大幅縮短為八小時，等於節省了四個小時，無須熬夜加班，即能做完所有事情，可以準時下班，輕鬆回家。

重疊時間配置法

習慣按照工作日誌逐格排定工作的人，最容易落入如同傑生原有工作時程的迷思。

傑生的一天

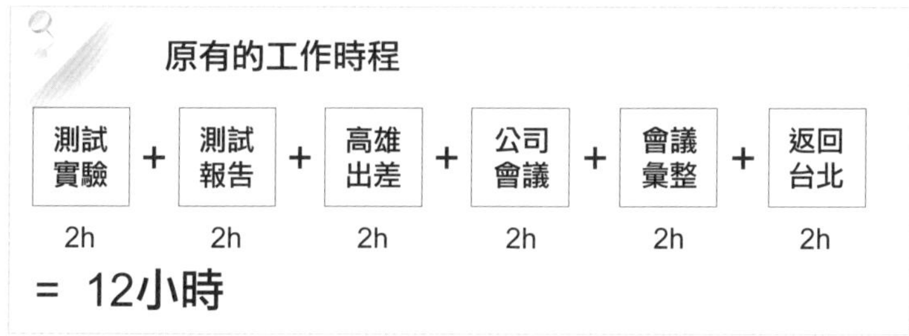
原有的工作時程
測試實驗
+
測試報告
+
高雄出差
+
公司會議
+
會議彙整
+
返回台北
2h
2h
2h
2h
2h
2h
= 12小時

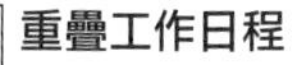
重疊工作日程

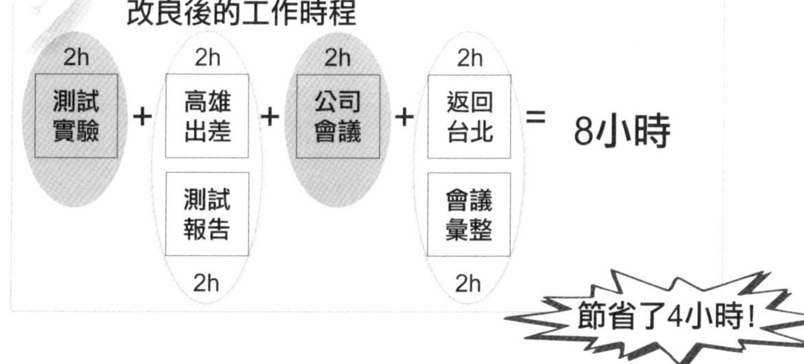
改良後的工作時程
2h
測試實驗
+
2h
高雄出差
測試報告
2h
+
2h
公司會議
+
2h
返回台北
會議彙整
2h
= 8小時
節省了4小時!

他們慣於將各個工作填入日誌中仍留有空格之處，誤以為總工作時間是所有事務工作時間的總和。其實，某些工作可以在同一時間內一起進行，只要巧妙地挪動與安排，即可提前完成所有工作，為自己製造更多的休閒時間。

「重疊時間配置法」是我慣用的一種時間管理實用技巧。在思考工作流程時，切勿以為所需總時間一定等於各步驟分別所需時間之總和，這是因為許多工作可同時進行。當同時進行的事項越多，所需總時數則越短。

在這個方法中，有兩種不同類型的時間，一是「狀況時間」，二是「實務時間」。分別說明如下：

◉狀況時間——

在進行某種事務或某樣動作的狀況下，時間不斷流逝，但自己其實並未投入大量心力，這段時間即稱為「狀況時間」。例如在會議中，我們枯坐發呆等待會議結束，但其實沒有勞心勞力；在通勤時，我們站著等車或坐在車上，但實際上並未動腦思考。

◉實務時間——

花費自己的精力、體力、腦力，全神貫注投入工作的時間，則稱為「實務時間」。例如在辦公室內進行腦力激盪，挖空心思規畫專案；或在實驗室內聚精會神，仔細執行分析與測試。

如果你希望擁有更多的時間，請先按照事務的性質，將自己一整天的工作時間區分為「狀況時間」及「實務時間」，然後依「重疊時間配置法」予以適當排列組合，盡可能在同一時段中，讓多項「狀況時間」及「實務時間」性質的工作可同時完成。

我們無法如同電影《關鍵下一秒》般製造出自己的分身，但是可以利用「同時分工」的訣竅，製造出自己渴望的時間。

28 時間與金錢的巧妙轉換——謝震武的寶貴時間

需要薪水的人，用時間去換金錢。
需要生命的人，用金錢去換時間。
兩者都需要的人，用時間去換金錢，再用金錢去換回自己的時間。

時間就是金錢

在新竹的一場研討會中，遇到好久不見的莉莎。當年她還是個青澀的法律系學生，如今已成了獨當一面的律師事務所負責人。

「沒想到妳也來參加這個研討會。」我向她打招呼。

「是啊！」她愉悅地回答。

「妳怎麼來的呢？」

「自己開車啊！」莉莎揚眉補充了一句，「Time is money!」

她續問：「那你怎麼來的呢？」

「搭高鐵。」我回答。

「那你是用Money去換Time囉！」她開玩笑地說。

我笑著點頭表示同意。

謝震武的寶貴時間

「時間就是金錢」，對於高收入族群來說，這是工作上必須恪守的信念。

身兼電視節目主持人身分的知名律師謝震武，會將每一小時分為六格，每格以十分鐘計價，記錄每一小時的法律諮詢事項。

「六格法」成為他查核自身及部屬工作成果的重要工具，隨時自我提醒時間的重要性。

每天下班回家後，謝震武就會依「六格法」列出當天的工作事務，估算一整天的工作「產值」，檢討工作成效與「產值」高低，做為日後調整工作的參考依據。

我相信莉莎也是「六格法」的愛用者。不過究竟是「Time is money」，或是「Money is time」，我與她的想法有些差異。

時間與金錢的選擇

由於工作上的需要，我經常至新竹工研院或科學園區開會。從台北至新竹，有幾種不同的交通方式可供選擇：

＊搭乘客運

＊自行開車

＊搭乘台鐵

＊搭乘高鐵

＊搭乘計程車

如果考量搭乘大眾交通工具到站後，尚須花費時間轉車，則自行開車及搭乘計程車應該是最便捷快速的方式。再以兩者所花費用進行比較，自行開車似乎是比較明智的抉擇。

然而一旦選擇開車，就必須全神貫注緊盯著高速公路上川流不息的車潮，無法放鬆精神，亦無法利用乘車時間做任何工作，因此這段時間均屬於工作時間的浪費。

反之，從上一節「重疊時間配置法」的觀點來看，即知當自己不開車時，才能

「賺」到往返路途的時間。

再進一步分析以上的五個選項。首先，因預算考量，先刪除搭乘計程車的選項，又考慮要積極利用乘車時間，故再行刪除自行開車的選項。

在剩下的三項大眾交通工具——客運、台鐵與高鐵之間，究竟要選擇哪一項呢？以費用而言，由低至高的順序為：客運→台鐵→高鐵；若考量塞車狀況，則所須時間由短至長的順序為：高鐵→台鐵→客運。

如果不趕時間且預算吃緊，我們應選擇搭乘客運。若是時間緊迫、工作忙碌，且預算允許，我們應選擇搭乘高鐵。

我之所以會選擇高鐵，另一個原因是車廂的震動最小，適合閱讀資料，或在車上進行電腦文書作業。

總而言之，時間確實是金錢。不過在經濟條件許可下，多花一些小錢，可為自己爭取到更多的時間及工作的便利性。

時間與金錢的巧妙轉換

對於想要製造更多時間的人，請利用下圖的概念：

時間與金錢的轉換

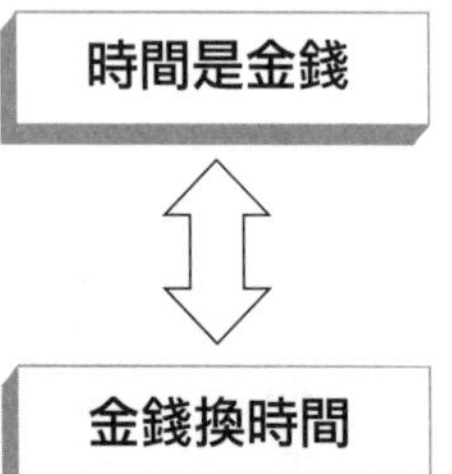

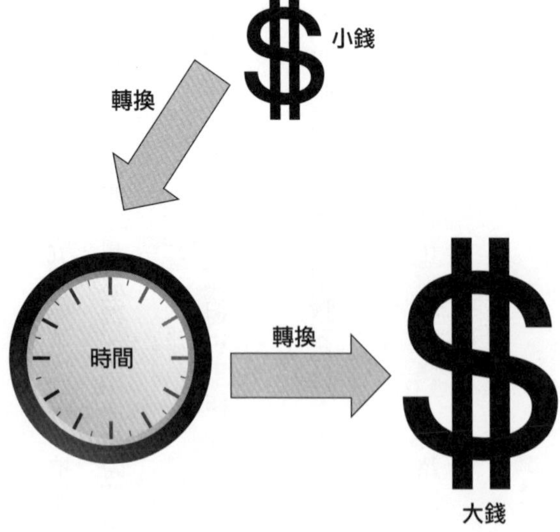

有時花一些小錢，可以讓你的工作更為輕鬆。例如提高一點預算，選擇最便捷的交通工具；僱用工讀生，分擔較不需專業技能的雜務；或是將部分工作外包，委請外部人員協助處理。

在「Time is money」的概念下，是利用時間去賺取報酬；在「Money is time」的理念下，則是藉由金錢來節省時間。

上述兩種觀念其實並不衝突。正確的作法應是：「用小錢去換取時間，再利用獲得的額外時間去賺取大錢」。確實貫徹這個思維，產生有效的正向循環，可使你的工作時間越來越縮短，但是工作所得卻會不斷增加。

在嚴重不景氣的年代裡，一般人多會緊盯荷包，不願隨意花小錢。這個想法固然沒錯，但有時省了小錢，卻浪費許多寶貴的時間，可能會得罪一位重要的客戶，耽誤一場重要的會議，或錯失一個重大的合約，反而痛失可以獲得更多利益的機會。

適當地花小錢，賺回一些可利用的時間，再將時間投資在可獲得更多利益的事情上，反而是更聰明的作法。

不論你是否屬於高所得的上班族，只要懂得多多以時間換取收入，並善於以金錢換回時間，你也可以同時擁有充裕的個人時間與令人稱羨的高收入。

製造上班時間
通關測驗

Check

□請在讀完本章後，進行第一次的複習及自我評估。
□請在一個月後，進行第二次的回憶及自我評估。
□請在三個月後，進行第三次的檢討及自我評估。

□□□ 我會努力珍惜自己的生命，讓自己擁有高成就又豐富的一生。

□□□ 我不會輕易向命運低頭，會竭盡所能地向後挪移自己的「人生終點站牌」。

□□□ 我明白製造時間的最佳方式，就是生命的延長及生命力的提升。

□□□ 個人的工作夢想尚未達成前，不冀望提前抵達自己的「工作終點站牌」，也不輕言脫離職場。

□□□ 我會珍惜「紅海時間」，但會更努力去開發眾人容易忽略的「藍海時間」。

□□□ 會利用時間的「藍海策略」，為自己製造更多可用於工作及休閒的時間。

□□□ 除了善用完整時間，亦會跳脫原有的思考框架，正視非完整時間的存在。

□□□ 我不會為自己的心情找藉口，瞭解將情緒留在家裡即可，不會帶著昨夜的混亂思緒上班。

□□□ 會強化自身偵察零碎時間的能力，並隨時做好準備，積極運用這些過去未曾派上用場的時間。

進行自我評估時，請依自己目前的狀況檢驗。

若已達成，請打∨；偶爾能達成或尚無法達成，請空白。當每道測驗都填上∨時，即表示全數通關！

Review and

□□□ 我會檢查及記錄零碎時間的狀況，並計算這些過去被「時間之賊」竊取的時間。

□□□ 針對不同狀態所產生的零碎時間，我會自行設計一套不同的應對方式，用來處理不同的事務。

□□□ 在公事包裡，會放一枝筆、一本筆記簿及一本自己想看的書。碰到零碎時間的出現，即可用來進行計畫、思考及閱讀。

□□□ 我會善用「重疊時間配置法」，有效減少原本的工作時數。

□□□ 我明白「狀況時間」及「實務時間」的差別，會將兩種類型的時間重疊應用。

□□□ 瞭解時間就是金錢，但在必要時，願意以金錢換取寶貴的時間。

□□□ 我會以小錢換取時間，再利用獲得的額外時間去賺取大錢。

通關筆記

第六章

節省上班時間

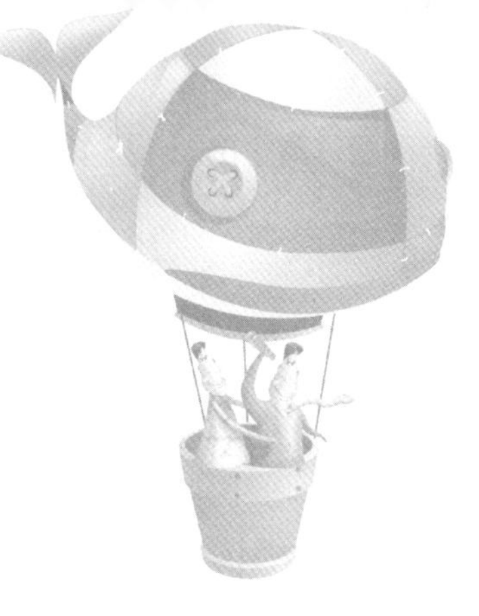

節省上班時間

- 同類法則的應用概念
- 節省時間的四象限圖
- 電子郵件及雜務的處理原則
- 節約無效益的等待時間
- 節約時間的黃金三角金字塔

29 《同類法則的應用概念——《星際大戰》的絕地武士

武林高手的絕世武功，來自於不斷的紮實訓練。
時間高手的強大功夫，來自於日積月累的練習。

絕地武士的原蟲

聽過一種蟲叫做「迷地原蟲」嗎？牠存在什麼地方呢？牠就生長在絕地武士的血液中。

電影《星際大戰》的絕地武士是一批擁有神奇力量的武者，他們不隸屬於共和國，但會接受共和國的委託，介入調停國際紛爭，援救重要人物，逮捕不法之徒，甚至還能率領軍隊征討叛亂者。

絕地武士擁有強大的力量，也因此必須自我約束、嚴守紀律、無欲無求，盡力維護世界和平。

這些修練武技的武士相信一種稱為「原力」的力量，這種力量來自於浩瀚的宇宙。

絕地武士藉由不同形式的訓練，得以靈活掌控並巧妙運用那股神祕的原力。

要如何成為一位絕地武士呢？這取決於他體內的「迷地原蟲」數量。原蟲數量越多者，越能和宇宙的原力產生共鳴，進而激盪出威力強大的力量，幫助絕地武士順利執行任務。

時間原蟲

我時常覺得，時間管理的能力似乎也取決於每個人體內的「時間原蟲」數。時間原蟲數量越多者，越能和宇宙的「時間原力」產生共鳴，從而大幅增進個人的時間管理「功力」。

絕地武士的高「迷地原蟲」數或許是先天生成的，但是我們的「時間原蟲」數則是可以後天培養的。抱持積極的心態，擁有正確的觀念，知道明確的方法，我們就能提高個人的時間原蟲數，讓自己也成為一位時間的絕地武士。

一位科技公司的總經理好奇地問我，「你的工作不是相當忙碌嗎？」

「是的。」

「那你怎麼有時間寫出這麼多本書呢？」

「找時間啊！」

「你都利用什麼時候寫書？」總經理續問。

「清晨。」

「早上剛睡醒的時候？」

「是的。我都是利用清晨腦力最旺盛之際振筆疾書，將大腦的思緒文字化，寫兩三個小時後再去上班。」

「所以你是將上班時間與寫書時間做明顯的區隔？」

「對！我習慣一心不二用，這樣才能有效節省工作時間。上班時間要做上班該做的事，上班以外的時間再做自己喜歡的事。」

總經理同意地點了點頭。

節省時間的同類法則

我來分享個人多年來養成的習慣，說明如何做好時間管理，減少工作所需花費的時間。這些省時祕訣的核心概念在於「同類法則」。

1 工作前先適當分類

上班族最怕變成無頭蒼蠅一般，陷入忙、盲、茫的無底深淵。進辦公室應做的第一件事情不是打開電腦，也不是立刻埋首辦公，而是應將今天所欲進行之事做適當的分類，例如文書類工作、聯絡型工作、商議型事務、思考型工作等。

2 同類型的工作一起做

將所欲進行之事分類妥當後，盡量在同一時段做同類型的事。例如一次收發電子郵件，一次回覆所有信件，一次閱讀所有公文，一次打完需聯絡的電話等。一口氣做完同類型的工作，可節省不同事務之間的「切換」時間，並在工作速度上產生遞增效應，有效提高工作效率。

3 類似的問題一併思考

假設思考單一問題需花一個單位的時間，那麼思考三個同類型的問題往往僅需兩個單位的時間。這是因為當我們想出第一個問題的解決對策及方案時，可依此類推，將該思考模式套用在第二個及第三個問題上，如此即可有效縮短解決後兩個問題的時間。

再者，將類似的問題一併思考，可以比較相互之間的異同，產生多樣化的構想，以找出最佳的解決方案。

節省時間的同類法則

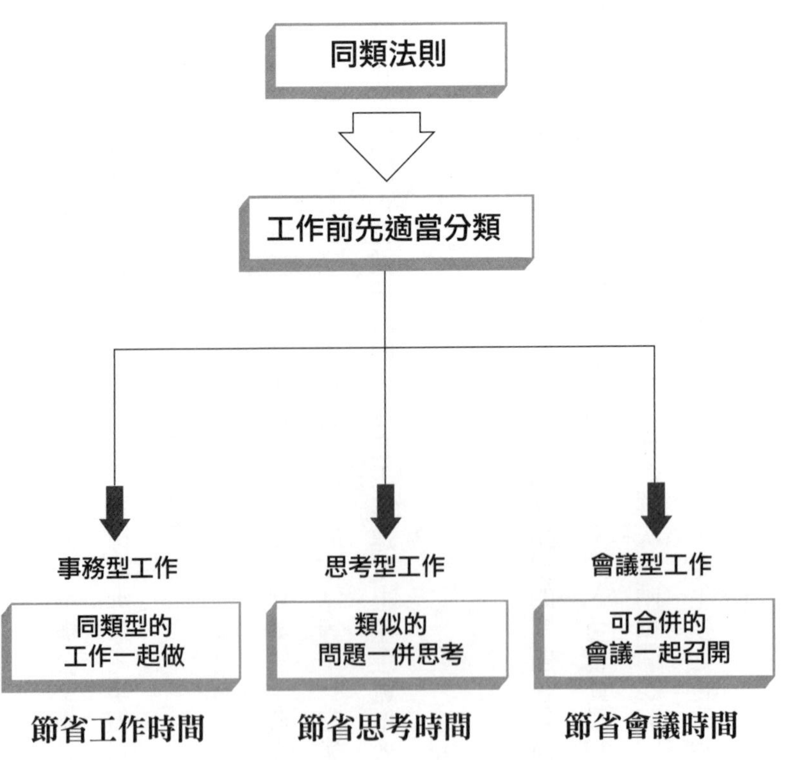
同類法則
工作前先適當分類
事務型工作
同類型的
工作一起做
節省工作時間
思考型工作
類似的
問題一併思考
節省思考時間
會議型工作
可合併的
會議一起召開
節省會議時間

4 可合併的會議一起召開

過多的會議只會讓公司同仁疲於奔命、人仰馬翻。節制開會的次數及頻率，是提高公司整體工作效率的重要概念。性質相近的會議應盡量合併舉行，出席成員相同的會議也應盡可能一起召開，如此即可節省同仁重複參加會議所浪費的時間，並且在相關議題上取得一致性的結論與共識，不會產生前後矛盾的現象，徒然虛耗公司內部的資源。

絕地武士的高強功夫來自於原力，也來自於正確的信念。

善用以上的四個法則，可有效節省上班時間，大幅增加你體內的「時間原蟲」數，讓自己成為時間的「絕地武士」。

30 節省時間的四象限圖——夏韻芬的三把刀

簡化工作，是提升效率的關鍵法則。
刪除雜事，是節省時間的必要策略。
做好一件正事，比做好十件雜事更有價值。

夏韻芬的三把刀

夏韻芬是知名的節目主持人，也是理財專家，長期為廣大群眾提供她個人獨到的理財見解，教導民眾做好個人的財富管理。

她建議大家，平常上街購物時，要隨身攜帶虛擬的三把刀。

第一把是「水果刀」，專門針對精品下手。因為精品的價格較無彈性，沒有太多殺價的空間，所以頂多只能以水果刀削下一些水果皮。

第二把是「主廚刀」，主要針對自己最熟悉的產品下手。在平時常逛的店裡，因已與商家建立良好的關係，所以看見喜愛的物品時，務必揮砍主廚刀大力殺價。

第三把是「斧頭」。在百貨公司舉行周年慶或年中慶時，因許多專櫃均背負著業績的競爭壓力，這時可抓緊店員急於求售以衝刺業績的心理，拿起斧頭冷酷揮砍，讓自己大獲全勝。

善用這三把刀，可以幫助你以便宜的價格帶回心愛的物品；同樣地，我們也可以利用另外三把刀，協助自己切除不必要的事務，節省寶貴的工作時間。

節省工作時間的三把刀

有哪三把刀可以幫助自己節省時間呢？

❶第一把刀——美工刀

美工刀用以切割芝麻綠豆的小事。例如辦公桌的擺設、文件檔案夾的選擇、電腦桌布的調整、會議資料袋的更換等。對工作無法產生實質效益的事，請盡量刪除。

❷第二把刀——大菜刀

大菜刀用以切除干擾重要工作的雜務。例如電子郵件與文件的整理、名片及檔案的排列、非必要的問候電話、充當人頭的會議等。凡是會影響重要事務進度者，請盡可能用力刪除。

❸第三把刀——武士刀

武士刀用以砍除成效不彰的計畫。某些計畫看似重要，但深入考量或實際執行後，才發現其實無法產生明顯效益。此時必須壯士斷腕，切勿猶豫不決，應當冷靜理智地果斷切除，才可避免損失更多的時間。

這三把刀是你去蕪存菁的好幫手，可幫助自己將寶貴的時間留給必要又重要的工作事項。

耗時與麻煩的四象限圖

為了節約可工作的時間，我們必須篩選工作，而且在篩選之後，必須執行刪除的動作。

有時我們在人情壓力、主管權威、環境影響之下，或許很難判斷何者該刪、何者不該刪。這時請參考我常用的「耗時與麻煩的四象限圖」，幫自己做深入的分析。

首先確認要篩選的事務並非目前的重點工作，然後將這些「非重點工作」逐一填入附圖的四象限圖中。如左圖所示，橫軸代表耗時長短，縱軸代表麻煩與困難的程度。經過排列組合後，會產生四個象限：

N字型刪除法則

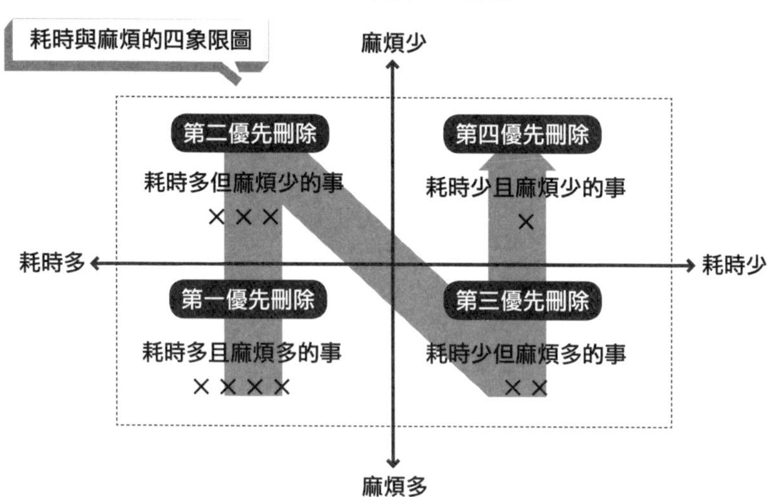

- 第一象限——耗時少且麻煩少的事
- 第二象限——耗時多但麻煩少的事
- 第三象限——耗時多且麻煩多的事
- 第四象限——耗時少但麻煩多的事

接著針對各個象限，考慮應予刪除的優先順序。

這四個象限中，最應該優先刪除的是第三象限——耗時多且麻煩多的事，故標示四個叉叉。

勉強可以接受的是第一象限——耗時少且麻煩少的事，在不得已的狀況下可勉強為之，故標示一個叉叉。

再者，應列為第二優先刪除的是第二象限——耗時多但麻煩少的事。即使困難度不高，但因會耗時甚久，故標示三個叉叉。

至於第四象限——耗時少但麻煩多的事，雖然所花時間不多，但由於困難度高，須耗費心神處理，故標示兩個叉叉。

叉叉數代表應予刪除的優先次序。由上述內容可知，正確的刪除順序為：第三象限→第二象限→第四象限→第一象限。依先後順序所構成的圖形狀似一個N字，故稱為「N字型刪除法則」。請注意，此處N字書寫的順序，與第二章「重要與緊急的N字型法則」中的N字書寫順序是相反的。

明智的刪除判斷

芳華是一位任職於電子公司的業務經理，最近遇到數件與本身負責職務無關的「非重點工作」，到底該拒絕或是勉強接受，使她著實傷透腦筋。讓我們利用「耗時與麻煩的四象限圖」為她進行分析。

總經理請她代理出席行銷會議，因時間不長（一小時），且僅需靜坐聆聽，此乃屬於第一象限——耗時少且麻煩少的事，故可勉強接受。

另外，副總請她代為主持預算會議，雖然時間亦不長（一小時），但因她不諳公司財務狀況，也不擅長控制會場氣氛，此乃屬於第四象限——耗時少但麻煩多的事，所以

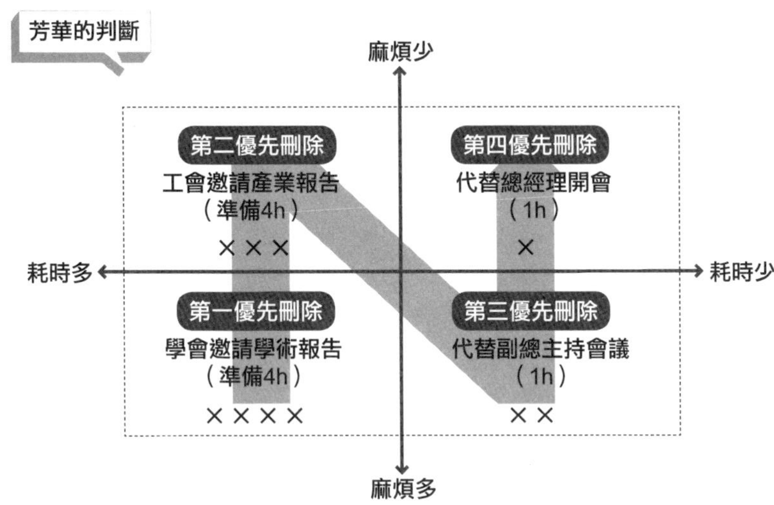

除非副總非常堅持，否則不應接受委託。

再者，工會請她針對市場的未來前景做個專題演講，雖然她個人具有多年的市場經驗，但由於事前需要長時間以做好充足的準備，屬於第二象限——耗時多但麻煩少的事，如果能婉拒的話應盡量推辭。

最後，學會邀請她針對企業合併之優劣勢進行學術報告，她對於這個主題完全陌生，即使硬著頭皮勉強準備，亦是吃力不討好，屬於第三象限——耗時多且麻煩多的事，所以應在第一時間拒絕，以免耽誤彼此的時間。

一個成功的上班族之所以要謹慎篩選並刪除不必要的工作，並非為了免除麻煩或逃避責任，而是為了正視應面對的麻煩，並承擔應付的責任。

唯有慎選應做之事，為自己省下時間，才能做好該做的事。

上班高手，不僅是在有限時間內讓自己成功，更重要的是必須找到能讓自己成功的時間。

31 電子郵件及雜務的處理原則——智慧型的「減法策略」

**工作上最期待的事，莫過於成果的不斷累積。
工作上最不期望的事，則是雜事的不斷堆積。**

智慧型的減法策略

新型智慧手機推出「刷臉」開機功能時，成功製造話題，也帶動搶購風潮。大家也熱中討論熟睡中的丈夫是否會被妻子「刷臉」開機，而洩漏原本不為人知的秘密。

手機已是現代人必備的３Ｃ產品，也成為維持人際關係的重要溝通工具。我平時需思考及專心工作的時間很長，故之前並不常用手機。因不習慣在工作之中，被隨時會傳來訊息的通訊軟體或隨時會出聲的電話鈴聲干擾，所以我的手機是「備而不用」。

但因最近工作量增加，及為爭取聯絡時間，我也被迫成為手機的常用族群，只是在我需專心思考時，仍是維持關機的習慣。

早期的手機還設置傳統的按鍵式鍵盤，方便使用者輸入數字及文字。但自從觸控式面板的技術普及化後，新型的智慧型手機開始採「減法策略」，讓原本占手機面積約一半面積的鍵盤隱形化。

如此手機面板面積得以加倍，使得使用者一次可讀的資訊內容變多，因此減少換畫面的次數，而提高使用效率。

垃圾的處理原則

「減法策略」的基本概念就是「簡化」二字。在繁雜的工作中，如何聚焦於重要目標，刪除生產價值低的雜務，是節省時間的重要考量。

有時候，雜務就好比是居家生活中所製造出來的垃圾。從大賣場或量販店買回來的生鮮食品及生活用品，在利用完具有價值的部分後，所留下的塑膠盒、紙袋、空瓶罐、包裝盒、食物殘渣等，均是需要處理的垃圾。

有經驗的家庭主婦或主夫都知道，處理垃圾的第一原則是「分類」，依照類別分開放置於不同的垃圾袋；第二原則是「累積」，直到各類垃圾達到一定的存量；第三原則是「處置」，再將各類垃圾分別丟棄。

處理上班雜務的原則，與處理家中垃圾的原則大同小異。

電子郵件的處理

電子郵件是上班族重要的聯絡方式，除了使用辦公室的電腦外，利用手機亦可輕鬆收發電子郵件。

電子郵件固然大幅提升了現代人在工作上的便利性，但也同時破壞了上班族工作的連續性。如果你不時在收信，手上的工作便會不停被打斷；若是你不時在回信，還能剩下多少時間來處理重要的正事呢？

為了節省處理電子郵件的時間，請參考以下的建議：

1 在固定時間或空檔時間收信

請在固定時間或空檔時間收信就好，不須在上班時整天盯著電腦螢幕，期待隨時有人會寄信給你。信收得越多、越勤快，干擾就越嚴重，工作速度也會越慢。

2 看完標題後直接刪除垃圾郵件

垃圾郵件防不勝防，即使你已封鎖許多電子郵件帳號，它們仍是無孔不入。為了避免病毒入侵，也為了減少時間的浪費，看到標題並判斷為垃圾郵件後，請設定為「封鎖的寄件者」，並立刻果斷地加以刪除。

3 閱讀郵件並適當分類

刪除垃圾郵件後，再打開剩餘有意義的信件，以掃描方式進行瀏覽。在知其大意後，請將值得保留的信件依工作性質予以適當分類，分別存入不同的資料夾，例如會議、簡報、產品資訊、客戶資料、市場調查等，方便自己回頭找尋郵件時，不會如同大海撈針般毫無頭緒。

4 標示特殊顏色符號

許多電子郵件收件軟體具有標示特殊顏色符號的功能。舉例來說，我會將紅色小旗子設定為緊急連絡事宜，橘色小旗子設定為會議時程，藍色小旗子代表研究計畫事宜等。如此可一目了然地輕鬆區分出每封信須回覆及處理的急迫性，也方便自己追蹤各事項的進度。

5 尋找空檔時間回信

除了十分緊急的信件外，對於一般郵件，請利用零碎時間或空檔時間一起回信即可。統一在一個時段回信，可節省回信的時間，並減少對正常工作的干擾。

雜務的處理

有關其他雜務，也請採取處理垃圾的三大原則：分類、集中、處置。

一般人對於雜務，有「隨到隨處理」的習慣，但這未必是個好習慣。一想到要與某客戶聯絡，就立刻打電話；一想到要與某人討論，就立刻離開辦公桌；一想到要查詢某資料，就立刻前往檔案室。如此這般處理雜事的頻率越高，越將自己的時間切割得支離破碎，無法擁有完整的「塊狀時間」。

要盡可能讓自己的工作時間完整，請克制住想立即處理雜務的心，待同類型的雜務累積至一定的量之後，再統一集中處理。

請將雜務區分為聯絡型、溝通型、整理型事務。

可將須撥的電話，集中累積至一定數目後，再於同一時段密集撥打；針對須溝通的問題，可先寫在便利貼上，等待合適的時段再統一處理；對於文件歸檔或整理辦公室等事務，應避免占用正常上班時間。

將同類型的雜務一口氣做完，可節省更多寶貴的時間。

雜務的處理原則

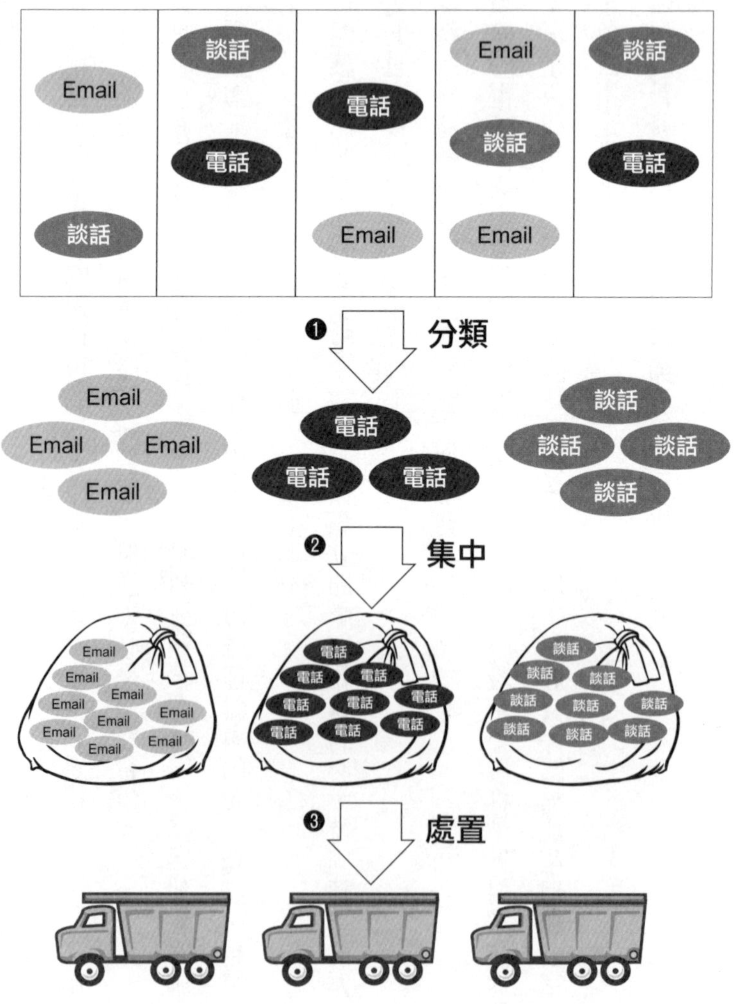
Email
談話
談話
電話
電話
Email
Email
談話
Email
談話
電話
❶ 分類
Email
Email
Email
Email
電話
電話
電話
談話
談話
談話
談話
❷ 集中
❸ 處置

垃圾，是生活中無可避免的自然產物。做好垃圾處理，實行資源回收，就是愛地球的表現。

雜務，也是上班中逃脫不了的衍生事務。以最少的時間處理雜務，就能擁有最多的時間處理正事，這就是愛時間的表現。

32 節約無效益的等待時間——時間差攻擊法

在排球場上，時間差攻擊是為了殺球得分。
工作職場上，時間差攻擊是為了省時省力。

時間差攻擊法

慕尼黑奧運那年，日本男子排球隊使出獨特的祕密絕招——「時間差攻擊法」，擊敗了人高馬大的西方國家選手，奪得奧運金牌，旋即震驚了全世界。

何謂「時間差攻擊法」？就是由前排的攻擊球員先做出假動作，躍起作勢殺球，引誘對方的防守球員騰跳攔球，當對方球員開始從高點往下落時，再由我方後排的球員利用對方的防守空檔出手攻擊，讓對手錯失攔網時機而痛失分數。

這個方法巧妙地利用攻擊及防守的時間差，因為假攻擊與真防守的時間相互重疊，而真攻擊卻發生在防守時間之後，防守球員只能眼睜睜地看球直射過網，但來不及躍起防守，故毫無招架之力。

Julie在某家公司擔任會計。在一場學員座談會中，她訴說自己工作忙碌的狀況。

「我每次去銀行匯款，都要排隊等上許久，耗掉許多時間。」她面露無奈地說。

「妳都是幾點去銀行呢？」我問。

「大約下午兩三點。」

「那不是人最多的時候嗎？」

「對啊！」

「妳不能早一點去嗎？」

「可以啊！」她略帶靦腆，「不過，我都是等手上工作告一段落了，才想到要趕去銀行。」

「如果妳可以早一點去銀行，在人少的時候，迅速處理完該做的事，會節省更多時間。」我微笑地說。

她聽了點頭表示同意。

等待是時間的殺手

等待是上班時間的凶狠殺手之一。要從殺手掌中救回瀕臨垂危的時間，就要積極地減少等待。

經過日復一日、年復一年的上班生活，等待似乎成了上班時間不可避免的一環。我們太習慣於現在的上班模式，也就逐漸忘卻了避免等待的重要，使得等待成為謀殺時間的元兇。

我們在什麼狀況下需要等待呢？

*人潮多的時段
*對方忙碌的時候
*對方難以決定的時候
*對方不願回覆的時候
*聯絡不到對方的時候
*對方心情不好的時候

這裡的「對方」二字泛指同事、部屬、上司、客戶、服務你的人，以及你要服務的人等等。

時間差攻擊策略

為了避免等待，「時間差攻擊法」是個有效的策略，能夠幫助自己在正確的時間「出手」，直搗黃龍，達成預定目標。

如果你想節省工作中的等待時間，請參考以下的建議：

1 避開人潮多的時段

不論是銀行、郵局、餐廳、展覽會場等，都有人潮較為擁擠或稀少的時段。如果我們必須到這些地點辦事的話，選擇在人潮較少的時段前往，才能避免將時間虛耗在長長的排隊人龍中。

2 避開對方忙碌的時段

在一整天的上班時間裡，每個人都有特定的忙碌時段與輕鬆時段。找出自己的空檔時間固然重要，但未必能與對方的空檔時間相互配合。在必須與對方有所接觸的狀況下，避開對方忙碌的時段，選擇對方不忙的時候，你才能迅速達成商議之目的，或得到應有的服務。

時間差攻擊法

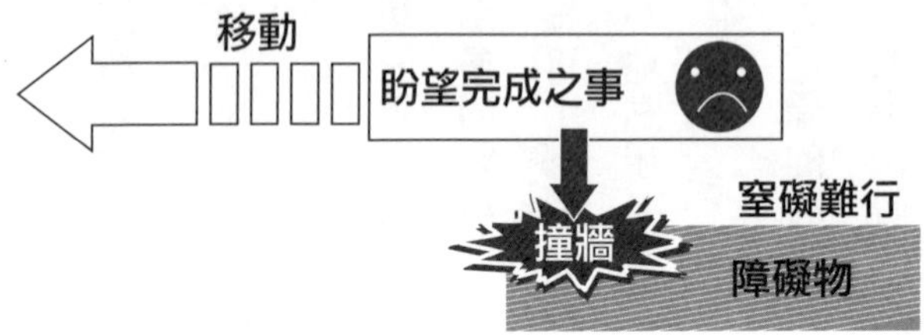

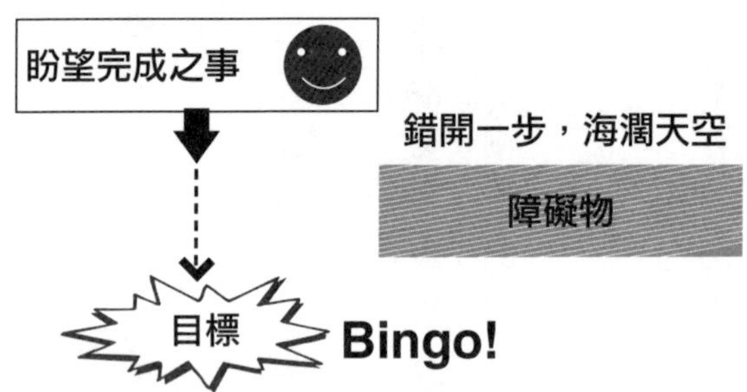

時間差攻擊法

- ❶ 避開人潮多的時段
- ❷ 避開對方忙碌的時段
- ❸ 避開對方不便的時段
- ❹ 設定容易聯絡對方的時段

3 避開對方不便的時段

人是情緒的動物，難免心情會有高低起伏。懂得選擇正確的時間與上司或主管會談，是上班族的求生法門，不僅可以減少無聊的等待，亦能避免無情的挑剔。與客戶約定時間，也應以同理心為對方設想，不讓對方為難，才是正確的待客之道。

4 設定容易聯絡對方的時段

在工商社會裡，忙碌似乎已成了一種必然，想要聯絡到對方，往往需大費周章。對方不會整天坐在辦公室裡等電話，為了爭取時效，手機、電子郵件、簡訊、語音留言等，都是與對方取得聯繫的重要方式。除此之外，推估或打聽哪些時段容易聯絡上對方，亦是一種聰明的作法，可以避免自己不斷撲空，也節省枯等的空白時間。

「時間差攻擊法」的重要概念，在於要為對方的時間設想。多為別人設想一步，你要做的事才能在第一時間完成。

33 《節約時間的黃金三角金字塔
——成功鑽石商人的圓圈日

盛年不重來，一日難再晨。
及時當勉勵，歲月不待人。

——陶淵明

鑽石商人的圓圈日

和尚可以賣鑽石嗎？這是一個奇怪又有趣的問題。

羅區格西原本是一位平凡的青年，畢業於普林斯頓大學。在雙親及兄弟相繼於短時間內撒手人寰後，他對於過去汲汲營營所追求的功名利祿不禁心生懷疑，毅然決然地放棄繼續深造的計畫，遠渡重洋，隻身來到印度的色拉寺，專心研究佛法。

經過長年苦心鑽研，並通過多項嚴格的考驗與測試後，他獲得了相當於佛學博士的格西學位。他在印度總共住了二十一年之久，隨後接受上師的建議，回到美國經商。在因緣際會之下，他竟從原本對鑽石一無所知的門外漢，一躍成為紐約頂尖的成功鑽石商人。

羅區認為修行與經商並不互相衝突，他一方面追求心靈層次的提升，另一方面尋求企業的合理謀利之道。他體會出經營之道在於獲利，在於樂在其中，更在於創造有意義的人生。

羅區將他個人探究靈性及經營企業的心路歷程，撰寫成冊，成為一本暢銷書《當和尚遇到鑽石》。此書引起大眾的廣泛討論，更深入思考層面，探討佛理蘊含的積極意義。

書中提到一個「圓圈日」的概念。在藏文中，「藏」字代表邊境之意，另一意思則指在一定時間後，暫時放下工作的技巧。當你離開原本的工作環境，前往一個寧靜之處，就可在自己周圍畫一個圓圈，讓自身靜坐在圓圈內思索冥想。

所謂「圓圈日」，就是自我放空的休假日，把時間留給自己的身體，讓自己有自我對話的機會，不接電話，不開會，不做簡報，不見訪客，用心聆聽身體的聲音。

表面看來，圓圈日似乎會延誤正常的工作進度。但是羅區發現靜坐圓圈之中，內心會產生無比平靜滿足的感覺，圓圈外眾多紛擾的事物都可暫時拋開。他懂得利用生命中一去不復返的寶貴時光，來換取人生的真正智慧。

節約時間的黃金三角金字塔

為什麼要節約時間？這個問題比「和尚可不可以賣鑽石」的問題簡單一些，但具有深層的意涵。請參見左頁的黃金三角金字塔圖。節約時間的目的有高低不同的層次：

❶**基層目的**——節約時間的表面目的是為了能提早下班，盡速離開煩人的環境，以便有多一些時間可放鬆休息。

❷**中層目的**——節約時間的再深一層目的是為了獲得更多的時間，可以做自己想做的事，包括額外的副業、下班後的娛樂及專業技能的進修等。

❸**高層目的**——節約時間的真正最頂層目的不是為了多休息、多工作、多娛樂、多學習等，而是要將多獲得的時間留給自己，讓自己的身、心、靈也能享用屬於你的寶貴時間。

請試問自己幾個問題：

你有多久沒有預留時間，讓自己的身體好好運動了？

你有多久沒有稍事停歇，以傾聽自己內心的聲音了？

你有多久沒有自我放鬆，讓自身呼吸到清新的空氣了？

節約時間的黃金三角金字塔圖

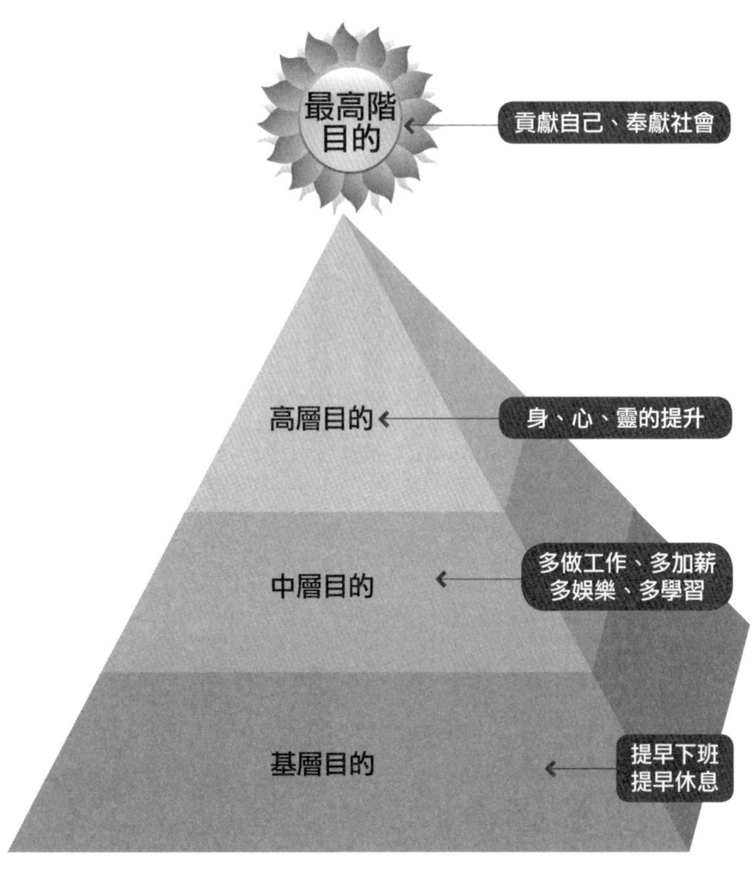

你有多久沒有沉澱下來，讓頭腦有思考自省的機會了？

你有多久沒有整理紛亂的思緒，讓靈性更加透徹了？

當你運用本書所介紹的節約時間技巧，達成提早下班的基層目的後，請你繼續以正確的方法，幫助自己完成提高薪水、達到娛樂或增進實力的中層目的，最後請再利用有效的策略，將自己的身、心、靈提升至更高的境界。

我們追求的不僅是渾身舒暢，更要身體康健；

我們追求的不僅是心靈平和，更要心情愉悅；

我們追求的不僅是知曉靈性，更要超越靈性。

❹高層目的——

當自己的身、心、靈達到一定的滿足程度後，請善用所省下的時間來貢獻自己、奉獻社會，盡一己之力，幫助更多的人，使他人也有提升自身的機會。這是節約時間的最高階目的。

節約時間的真正意義

有一首愛爾蘭的古老歌謠是這樣吟唱的：

把時間花在夢想上，它讓你更接近星星；

把時間花在反省上，它使你避免錯誤；

把時間花在歡笑上，它是靈魂的交響曲；

把時間花在朋友上，它會引導你找到幸福；

把時間花在愛與被愛上，它會讓你找到人生的真諦。

工作是人生的過程，但並非人生的全部。

除了工作，還應將時間留給自己所關心的人，人生才能綻放出耀眼的光芒，時間管理也才具有真正的意義。

請為你自己留點時間，也請為你關愛及關愛你的人，留下與他們共處的歡樂時光。

節省上班時間通關測驗

□請在讀完本章後，進行第一次的複習及自我評估。
□請在一個月後，進行第二次的回憶及自我評估。
□請在三個月後，進行第三次的檢討及自我評估。

□□□ 我會努力增加體內的「時間原蟲」數，讓自己成為時間的絕地武士。

□□□ 我明瞭要減少花在次要工作上的時間，才能將多餘的時間留給主要工作。

□□□ 會善用同類法則以節省時間，在工作前會先將事務分類，相同類型的工作一起做，類似的問題一併思考。

□□□ 會盡量將可合併的會議一起召開，減少與會者時間的浪費。

□□□ 我會以美工刀切割芝麻綠豆的小事，以大菜刀切除干擾重要工作的雜務，以武士刀削去不具效益的計畫。

□□□ 無法確定何事應列入刪除名單時，會利用四象限圖，以耗時與麻煩為兩個座標，決定刪除事項的優先順序。

□□□ 在非重點工作中，我會優先刪除耗時多又麻煩多的事。萬不得已時，勉強接受耗時少又麻煩少的事。

□□□ 我會以「減法策略」簡化工作內容，減少不必要的時間支出。

□□□ 對於上班的雜務，會採取與處理垃圾相同的原則，先分類、再累積，最後於同一時間一併處理。

進行自我評估時，請依自己目前的狀況檢驗。

若已達成，請打∨；偶爾能達成或尚無法達成，請空白。當每道測驗都填上∨時，即表示全數通關！

通關筆記

Review and

□□□ 會利用技巧縮短處理Email的時間。盡量不隨時收信，也不隨時回信；對於垃圾郵件，會果斷刪除；在閱讀時會將重要郵件分類，並加註特定顏色或符號。

□□□ 會採用時間差攻擊法，錯開不利自己的時間。在合適的時間做正確的事，才能有效節省時間。

□□□ 我會積極地避開人潮多的時段，避開對方忙碌的時段，避開對方不便的時段，設定容易聯絡對方的時段。

□□□ 我明白節約時間的三層目的由低至高為：一、提早下班，提早休息，二、增加額外時間，可用於工作、娛樂、學習，三、留時間給自己的身、心、靈享用。

□□□ 我明瞭節約時間的最高階目的是貢獻自己，為別人做更多有價值的事。我知道時間要留給自己及所關愛的人，人生才富有真正的意義。

國家圖書館出版品預行編目資料

時間管理黃金法則（十年暢銷經典紀念版）/ 呂宗昕著
–修訂一版 .–臺北市：商周，
城邦文化出版：家庭傳媒城邦分公司發行，民 107.08
面；　公分 .–(超高效學習術；32)

ISBN 978-986-477-532-3 (平裝)

1. 時間管理　2. 工作效率
494.01　　107014137

超高效學習術 32

時間管理黃金法則（十年暢銷經典紀念版）

作　　　者／呂宗昕
企 畫 選 書／楊如玉
責 任 編 輯／陳靜芬、陳名珉

版　　　權／翁靜如
行 銷 業 務／李衍逸、黃崇華
總　編　輯／楊如玉
總　經　理／彭之琬
發　行　人／何飛鵬
法 律 顧 問／元禾法律事務所　王子文律師
出　　　版／商周出版
城邦文化事業股份有限公司
台北市中山區民生東路二段 141 號 9 樓
電話：(02) 2500-7008 傳真：(02) 2500-7759
E-mail：bwp.service@cite.com.tw
發　　　行／英屬蓋曼群島商家庭傳媒股份有限公司城邦分公司
台北市中山區民生東路二段 141 號 2 樓
書虫客服服務專線：(02)2500-7718・(02)2500-7719
24 小時傳真服務：(02)2500-1990・(02)2500-1991
服務時間：週一至週五 09:30-12:00・13:30-17:00
劃撥帳號：19863813　戶名：書虫股份有限公司
E-mail：service@readingclub.com.tw
歡迎光臨城邦讀書花園 網址：www.cite.com.tw
香 港 發 行 所／城邦（香港）出版集團有限公司
香港灣仔駱克道 193 號東超商業中心 1 樓
電話：(852) 2508-6231　傳真：(852) 2578-9337
E-mail：hkcite@biznetvigator.com
馬 新 發 行 所／城邦 (馬新) 出版集團【Cité (M) Sdn. Bhd. (458372U)】
41, Jalan Radin Anum, Bandar Baru Sri Petaling,
57000 Kuala Lumpur, Malaysia
電話：(603)9057-8822　傳真：(603) 9057-6622
Email：cite@cite.com.my

封 面 設 計／黃聖文
排　　　版／李莉君
印　　　刷／韋懋實業有限公司
總　經　銷／聯合發行股份有限公司
電話：(02) 2917-8022　傳真：(02) 2911-0053
地址：新北市 231 新店區寶橋路 235 巷 6 弄 6 號 2 樓

■ 2008 年（民 97）11 月 4 日初版
■ 2020 年（民 109）2 月 6 日修訂一版 2 刷
Printed in Taiwan
定價／ 320 元

著作權所有，翻印必究
ISBN　978-986-477-532-3

廣　告　回　函
北區郵政管理登記證
台北廣字第000791號
郵資已付，免貼郵票

104台北市民生東路二段141號2樓

英屬蓋曼群島商家庭傳媒股份有限公司　城邦分公司

請沿虛線對摺，謝謝！

書號： BO6032	書名： 時間管理黃金法則	編碼：

請於此處用膠水黏貼

讀者回函卡

不定期好禮相贈！
立即加入：商周出版
Facebook 粉絲團

感謝您購買我們出版的書籍！請費心填寫此回函卡，我們將不定期寄上城邦集團最新的出版訊息。

姓名：＿＿＿＿＿＿＿＿＿＿ 性別：□男 □女

生日：西元＿＿＿＿年＿＿＿＿月＿＿＿＿日

地址：＿＿＿＿＿＿＿＿＿＿

聯絡電話：＿＿＿＿＿＿＿＿ 傳真：＿＿＿＿＿＿＿＿

E-mail：

學歷：□ 1. 小學 □ 2. 國中 □ 3. 高中 □ 4. 大學 □ 5. 研究所以上

職業：□ 1. 學生 □ 2. 軍公教 □ 3. 服務 □ 4. 金融 □ 5. 製造 □ 6. 資訊
□ 7. 傳播 □ 8. 自由業 □ 9. 農漁牧 □ 10. 家管 □ 11. 退休
□ 12. 其他＿＿＿＿＿＿＿＿

您從何種方式得知本書消息？

□ 1. 書店 □ 2. 網路 □ 3. 報紙 □ 4. 雜誌 □ 5. 廣播 □ 6. 電視
□ 7. 親友推薦 □ 8. 其他＿＿＿＿＿＿＿＿

您通常以何種方式購書？

□ 1. 書店 □ 2. 網路 □ 3. 傳真訂購 □ 4. 郵局劃撥 □ 5. 其他＿＿＿＿

您喜歡閱讀那些類別的書籍？

□ 1. 財經商業 □ 2. 自然科學 □ 3. 歷史 □ 4. 法律 □ 5. 文學
□ 6. 休閒旅遊 □ 7. 小說 □ 8. 人物傳記 □ 9. 生活、勵志 □ 10. 其他

對我們的建議：＿＿＿＿＿＿＿＿＿＿
＿＿＿＿＿＿＿＿＿＿
＿＿＿＿＿＿＿＿＿＿

【為提供訂購、行銷、客戶管理或其他合於營業登記項目或章程所定業務之目的，城邦出版人集團（即英屬蓋曼群島商家庭傳媒（股）公司城邦分公司、城邦文化事業（股）公司），於本集團之營運期間及地區內，將以電郵、傳真、電話、簡訊、郵寄或其他公告方式利用您提供之資料（資料類別：C001、C002、C003、C011 等）。利用對象除本集團外，亦可能包括相關服務的協力機構。如您有依個資法第三條或其他需服務之處，得致電本公司客服中心電話 02-25007718 請求協助。相關資料如為非必要項目，不提供亦不影響您的權益。】

1.C001 辨識個人者：如消費者之姓名、地址、電話、電子郵件等資訊。
2.C002 辨識財務者：如信用卡或轉帳帳戶資訊。
3.C003 政府資料中之辨識者：如身分證字號或護照號碼（外國人）。
4.C011 個人描述：如性別、國籍、出生年月日。

請於此處用膠水黏貼